小玩家科学馆

玩出 一个小小 发明家

王维浩 编著

四川科学技术出版社

图书在版编目（CIP）数据

玩出一个小小发明家 / 王维浩编著. —— 成都：四
川科学技术出版社, 2020.7
ISBN 978-7-5364-9878-5

Ⅰ. ①玩… Ⅱ. ①王… Ⅲ. ①创造发明—少儿读物
Ⅳ. ①N19-49

中国版本图书馆CIP数据核字(2020)第117793号

小玩家科学馆

玩出一个小小发明家

WANCHU YIGE XIAOXIAO FAMINGJIA

编 著 者　王维浩

出 品 人　程佳月
策划编辑　肖　伊
责任编辑　郑　尧
封面设计　小月艺工坊
责任出版　欧晓春
出版发行　四川科学技术出版社
　　　　　成都市槐树街2号　邮政编码　610031
　　　　　官方微博：http://e.weibo.com/sckjcbs
　　　　　官方微信公众号：sckjcbs
　　　　　传真：028-87734039
成品尺寸　165 mm × 230 mm
印　　张　10.75
字　　数　200千
印　　刷　四川省南方印务有限公司
版　　次　2020年9月第1版
印　　次　2020年9月第1次印刷
定　　价　29.00元

ISBN 978-7-5364-9878-5

邮购：四川省成都市槐树街2号　邮政编码：610031
电话：028-87734035

目 录

魅力瓶

美国印第安纳州，有一个制瓶工人叫罗特。一天他和女友外出，看见女友穿的一条连衣裙显得很有魅力。这种连衣裙在腰部和膝盖附近稍变细，显示出女性腰臀部的曲线美，因此，当时美国妇女很流行穿这种裙子。罗特突发奇想：要是将瓶子制成像这条裙子一样的形状也许很好看。说干就干，罗特经过半个多月的研制，一种新型瓶子问世。据专家评说，该瓶子外观别致，里面所装的液体，看起来比实际分量多，握住瓶颈手感好。罗特申请了专利，可口可乐公司决定试用，结果使用了新瓶子的可口可乐，大为畅销。1923 年，可口可乐公司用 600 万美元，买下了这一专利。

画龙点睛

由一种事物联想到另一种事物，从中得到启示，通过模仿物体的形状结构及某些特征，来获得成功的发明，这种方法叫学一学创造法。

请你创造

我用 A、B、C、D 图形拼出了一张脸谱、一盏灯。你能用这些图形拼出别的东西吗？当然，拼出的东西越多越好。

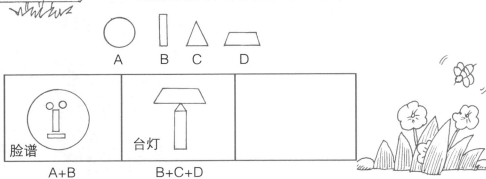

A　　　B　　　C　　　D

脸谱	台灯	
A+B	B+C+D	

知识链接

1886年可口可乐诞生的时候，其瓶子的形状和许多别的饮料瓶一样采用的是直桶形。当时大多数零售商是将各种瓶装饮料放入装有冰水的大桶里销售，口干舌燥的顾客在购买时就不得不撩起袖子，在冰水中摸索。

当罗特的经典可口可乐玻璃瓶出现后，人们非常喜欢这种玻璃瓶，它给人以甜美、柔和、流畅、爽快的视觉和触觉享受，给可口可乐公司带来了丰厚的利润。

1955年罗特又重新设计了可口可乐的玻璃瓶。

可口可乐的品质百年不变，但几乎隔几年它就会对自身的品牌形象进行一次细节的调整和更换，以适应不断变化的市场。可口可乐公司认为：一个有效的包装策略应该兼顾独创性，并以满足消费者的需求为导向，所以他们把公司的系列产品按包装材质划分为塑料瓶、玻璃瓶、易拉罐、现调杯等类型。

参考答案

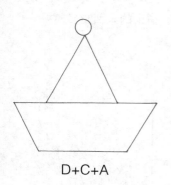

D+C+A

你能创造出其他的东西吗？

口 琴

1821 年的一天，德国音乐家布希曼正在托斯恩小城散步，忽然，一种非常悦耳的琴声传入耳内。布希曼从来没有听到过这种声音，他怀着好奇的心情，遁声走去，只见有个小女孩坐在门口吹奏一样东西。

"小姑娘，你在吹什么东西呢？"布希曼问道。

小女孩把握在手里的一张贴着硬纸的木梳递给了布希曼。

布希曼接过来放在嘴里一吹，发出了声调。布希曼从这位小女孩的发音器中受到了启发，他决心制造出一种类似的乐器。回家后，他琢磨着按中国古代笙和罗马笛的发音原理，用象牙雕出了"药丸筒"似的琴。

由于是用嘴吹奏，因此，布希曼将它取名为"口琴"。

画龙点睛 先模仿一些你比较熟悉的东西，再去发明创造新的事物，这是学会发明创造的一条途径。

请你创造 我能用这几个图形拼出两只形态各异的小船。你能拼出其他船来吗？

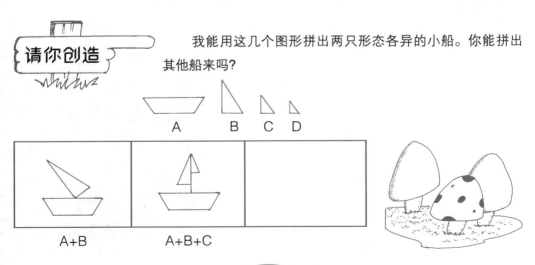

A　　B　　C　D

A+B　　　　A+B+C

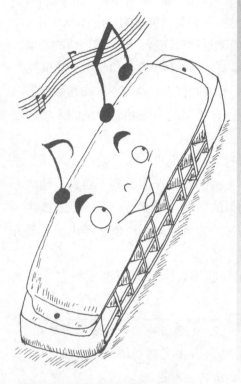

布希曼最初设计的口琴只有吹孔，没有吸孔，相比于现在的口琴，这种早期的口琴，更像是一些排列整齐的哨子。

布希曼最初的设计被大量的伪造，这导致了许多修改和改进。一个叫 RIGHTER 的口琴制造商，对早期的口琴设计做出了重大的改进。1826 年，他开发出一种与众不同的口琴，这种口琴由 10 孔 20 个簧片组成，分离的两片吹簧片和吸簧片板固定在口琴梳腔室的两侧。这种口琴能发出全音音阶，成为一种标准的结构。

1857 年，一德国钟表匠生产了大量的口琴，并把口琴介绍到南美洲。美国南北战争开打之后，口琴因易携带，成为士兵们最为欢迎的手上乐器。第二次世界大战之后，美国黑人大量涌入芝加哥，芝加哥因此孕育了许多使用口琴的布鲁斯乐手，正是因为这个原因，确立了芝加哥的口琴之都的地位。

参考答案

船

A+B+C+D

锯 子

鲁班是中国历史上2 400多年前鲁国的优秀工匠，被人们称为木匠的祖师爷。

一天，师傅派鲁班到山上去观察兄弟们伐木的情况。在路上鲁班不小心，脚底一滑险些摔倒，情急之中，他急忙伸手抓住一把茅草稳住了身子，但只觉得手上一阵刺痛。鲁班低头一看才发现，他的手掌竟然让茅草划开一道口子，鲜血直流。鲁班十分惊讶，仔细地观察起手掌中的那把茅草，他发现茅草的叶子两边都长着锋利的小细齿。他想，如果把铁片的一侧也开出"小牙齿"来，不就可以用来锯木头了吗？

鲁班下山后，找来一段薄薄的铁片，在铁片边缘上磨制出像草叶上那样的小细齿，然后就用它来锯树。果然，不一会儿，大树就被锯倒了。于是世界上第一把锯子就诞生了。

画龙点睛

依照生物的某些特征，可以创造人类所需要的新事物，这种方法叫仿生法。例如：人类根据蝙蝠发出和接收超声波的原理，发明了雷达。

请你创造

这三个图形可以随意组成小船和房子。你还能组成什么呢？

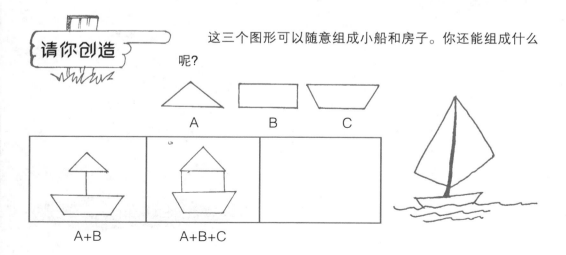

A   B   C

A+B   A+B+C

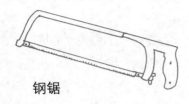

钢锯

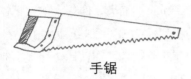

手锯

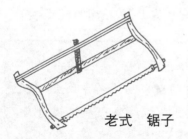

老式 锯子

很早的时候古人就知道，用齿状或者说带有锯齿的刀口，更容易把坚硬的材料切割开来。考古学家们发现了至少已有1万年之久的带有刀口的燧石刀身。

这些带有锯齿的刀子都割不了木头，因此，发明一种锋利的薄金属锯子就是必需的了。古代埃及人大概早在公元前4000年时，就已拥有了它们。这些锯子有着细长的、刀剑似的刀身，连着木制把手。使用最初的锯子时，切割是拉动式的，不像大多数的现代锯子那样是推动式的。

古希腊人和古罗马人继承了埃及人的刀剑式锯子。罗马人还研制了一种"框锯"，框锯一般都挺大，常常是由两个人操作——木料的两边各站一个人。这类锯子多用于粗加工。据考古发现，早在夏朝（公元前2205—前1766）中国人就已经发明了锯子，而鲁班发明锯子只是一种传说。

参考答案

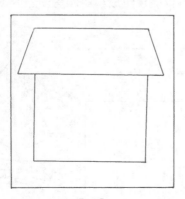

B+C

防毒面具

第一次世界大战中的 1915 年 4 月，德军与英法俄联军对峙在一个叫伊尔的地方。一天，联军阵地上随着"轰"的一声爆炸飘起了一阵烟雾，顷刻间，官兵们的呼吸困难，有的倒下不省人事，剩下的只得狼狈逃窜。

事后，联军指挥部派出专家去现场调查，专家们发现官兵们是吸入了一种毒性气体而倒下或死亡的。同时，还发现与联军们处于同一地方的几头猪却没有死。这是为什么呢？原来，当毒气袭来时，猪把鼻子、嘴巴伸入到松软的泥土中，土壤把毒气过滤了。

在专家调查组中，有个叫捷林斯基的俄国化学专家受到启发，把活性炭放在一个罐子里，空气通过罐子时把毒气吸收掉。捷林斯基把这种罩在鼻子上的罐子叫作防毒面具。

画龙点睛 通过学习、模仿物体的形态结构、色彩、性能、功能、动作等来实现新的创造，这就是在学习中实现创新。

请你创造

给我一个圆，我能画一个太阳或一朵向日葵。你能画出什么呢？

太阳	向日葵	

知识链接

防毒面具的发展最早可追溯到16世纪。当时，达·芬奇描述了一种简单的防护面具——用浸蘸了水的细布来掩盖水手的嘴和鼻，保护他们免受自己设计的毒粉武器的伤害。

1868年，物理学家丁德尔与英国消防人员合作，研制出一种用于过滤空气中微粒的过滤面具，它有几层填充密实的棉花，每两层之间由石灰、木炭和浸泡了甘油的羊毛层隔开。

第一世界大战中，德军使用了毒气，人们因此发明了活性炭防毒面具。后来，德国人发现烟、雾等气溶胶可穿过单纯使用活性炭的滤毒罐，使面具失去防护能力，因而他们很快采用了能穿透木炭滤毒罐的毒气。为了应对德军毒气的"升级"，人们又在滤毒罐气流上游处增加了一层能过滤烟雾的滤烟层。随着铜、铬、银浸渍炭的出现，用一种材料滤除多种毒剂成为可能。由于这种吸附剂具有良好的吸附性能，至今仍被各国广泛用于各种防护装备中。

参考答案

玫瑰花

降落伞

相传在 1783 年，意大利的监狱中有一名叫拉文的囚犯，他几次越狱都没成功，因为狱警不但看守得很严，而且监狱的围墙有 20 多米高，如果从上面直接往下跳，不死也会摔成残废。

一次，来探监的亲人无意留下了一把雨伞。拉文脑子里一闪，他思谋着利用雨伞作为越狱的工具。他偷偷地把一些细绳的一端拴在雨伞的伞骨上，便于另一端集合在一起，攥在手里。他选择了一个月黑风高的夜晚，巧妙地避过看守，爬上监狱高高的围墙，撑开那把雨伞，握住集合在一起的细绳头往下跳。他慢慢地着地了，竟然没有跌伤，安然无恙地越狱而去。他成了第一个使用"降落伞"的人。

不过，拉文越狱后还未跑多远，就又被警察抓进了监狱。他的供词中关于巧妙地借助雨伞成功越狱的这一段，却引起航空专家的兴趣。

画龙点睛

通过把一件物品加大一点，或加长一点，或加重一点等，使物品在形态上、尺寸上有所变化，从而增加其功能性，更有利于使用，这种方法我们不妨叫作"加一加创新法"。

请你创造

在一个半圆上添加几笔，可以画出一把伞或一个碗。你还能画出其他东西来吗？

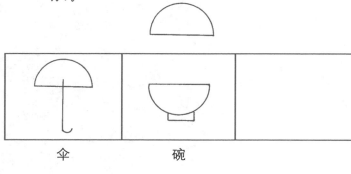

伞　　　　碗

知识链接

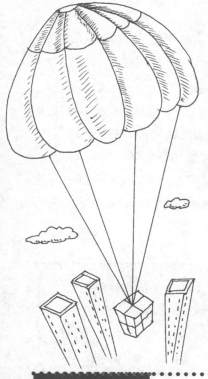

你也许不会想到,世界上第一个原始降落伞草图是由意大利画家达·芬奇在1519年画出来的。这不过是一个由四幅亚麻布缝合成的帐篷,四角拴有伞绳,人可以攥住这些绳子。当然,这还只是纸上谈兵,并没有制造出来。

17世纪,随着气球乘员救生的需要,降落伞的研制才提到日程上来。1777年,法国人蒙高尔费首先用亚麻布制成直径2.5米的半球形降落伞,从自家房顶上安然跳下且毫发无损。不过,这种小直径的伞降落的速度太快,很不安全。

为了使伞下降时顺利张开,另一位法国人布朗夏德发明了平顶式降落伞。这种伞顶部安装了一个圆形木盘,很像一个灯罩,但新的问题又来了,这种伞既不便折叠,又很笨重,下落时稳定性也不好。

后来,又有一位叫安德烈·加纳林的法国人,喜欢乘坐热气球在空中飞行。加纳林从气球的悬浮原理受到启发,试制了人类历史上第一只降落伞。1797年10月22日,加纳林利用这只降落伞,从700米高空上的热气球上跳下来,成功地返回到了地面。

参考答案

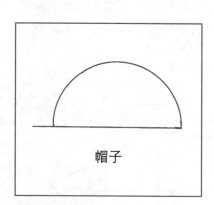

帽子

乒乓球

1885 年前后，英国的一些体育爱好者，看到当时在上层社会极其盛行的网球运动受到场地和天气的限制，便设想着把网球如何搬到室内进行。

一个体育用品制造商经过反复试制，制造出了一种圆形的实心橡胶球，又用木板做成球拍，在饭桌的二分之一处支架球网。运动时，两人站在饭桌两头，用球拍把橡胶球来回推挡。制造商把这项运动叫作"室内网球"。

到了 1890 年，一位叫吉布的英国工程师提出了用赛璐珞制成的空心球来代替橡胶球。不久，乒乓球就在世界上风靡起来。

根据球在球台和拍子上发出的"乒乓"声，于是大家将这项运动改称为"乒乓球"。

画龙点睛

用一种事物去代替另一种事物，就是日常生产、工作中广泛存在着的材料的代用、方法的代用、工具的代用、商品的代用等等，这种方法我们可以叫作"代一代"。

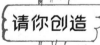

请你创造

我能用一个圆画出一个地球仪，两个圆画出一个救生圈。现在给你三个圆，你能画出什么来呢？

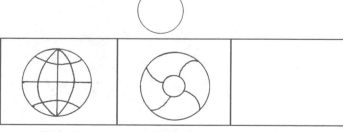

地球仪　　　　　救生圈　　　　　三个圆……

知识链接

最初，运动员使用木制乒乓球拍击球，球的速度慢，旋转也不强，因此打法单调；胶皮拍出现后，因摩擦力大，可以对球制造一定的旋转，于是出现了削下旋的防守型打法。这种打法曾在欧洲风行一时，不少运动员采用这种打法获得了世界冠军。

1952年，日本运动员在参加第19届世界锦标赛时采用远台长抽打法，结合快速的步法移动，击败了欧洲的下旋削球，从此使上旋打法占了优势。在20世纪50年代，中国也开始登上了世界乒坛，逐渐形成和创造了以"快、准、狠、变"为技术风格的独特的直拍近台快攻打法，比日本的远台长抽打法又向前发展了一步。20世纪60年代后期，欧洲选手创造了适合他们的以弧圈球为主结合快攻和以快攻为主结合弧圈球这两种打法，把乒乓球技术又推到了一个新的水平。

1988年，乒乓球被列入奥林匹克运动会的正式比赛项目，这大大推动了世界乒乓球的进一步发展。目前正处于乒乓球运动史的第五个发展时期。

参考答案

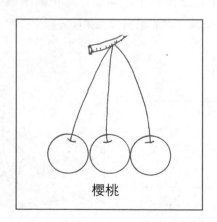
樱桃

橡皮头铅笔

一百多年前，美国一名叫利普曼的画家在家中修改自己用铅笔画的画稿，他眼睛盯着画稿，左手习惯地伸出去拿橡皮，结果拿了个空。原来，那块一直在使用的橡皮不知搁哪儿去了。

利普曼不得不搁下铅笔去找橡皮，而翻遍了衣袋子都没找着，所有桌子抽屉里也没有，最后，在门角落里才找到了那块橡皮。橡皮是找到了，画稿也修改好了，但时间浪费了不少，且画家的情绪、灵感也因中途停顿而受到一定的影响。

几天后，利普曼再次准备改画稿时，这次地找到了橡皮，却又找不到铅笔了。

利普曼时常为铅笔与橡皮的"分离"感到苦恼。一天，他灵机一动，将橡皮与铅笔用一块铁皮成功地连接在一起，于是，橡皮头铅笔就问世了。利普曼还申请了专利。

画龙点睛 把各自具有独立用途的东西组合在一起，变成一种新用途的东西，这种发明创造方法称为"异物组合法"。

请你创造 我用三个圆能画出不同的动物脸谱。你还能用三个圆画出什么动物脸谱来呢？

熊　　　　　熊猫

知识链接

橡皮能擦掉铅笔字，是1770年英国科学家普里斯特首先发现的。在这以前，人们是用面包擦铅笔字。普里斯特的这个发现，引起很大轰动，因为它给人们带来很大的方便。

不过最早的橡皮是用天然橡皮做的，擦字时不掉碎屑，只是把铅笔末粘在橡皮上，所以橡皮越擦越脏。后来，人们在制作橡皮时加入了硫黄和油等物质，使橡皮很容易掉屑，被擦掉的铅笔末就随着碎屑离开橡皮，这样一来，橡皮就能经常保持干净，也不会把纸弄脏了。

现在市场上95％的橡皮为PVC（聚氯乙烯材料）材质，每块PVC的橡皮擦中都含有20％左右的DEHP（邻苯二甲酸二异辛酯）。DEHP可以使橡皮擦色彩更鲜艳，质地更光滑柔软、富有弹性，还会散发出各种香味。

参考答案

老虎

 双头拉链

这样方便多了！

拉链是由美国的一位工程师贾德森发明的，采用在衣服上、提包上，很受人们的青睐。

不过，最初的拉链是单头的，这样装在外套上并不十分方便。

能不能使拉链用起来更方便呢？

于是有人灵机一动，把两个相同的拉链组装在一条拉链上，锁上后可以从上面拉开，也可以从下面拉开，十分方便。

双头拉链发明以后，由于它的便利，很快就在世界各地流传开来。

画龙点睛　　将相同用途的事物组合在一起，创造出新的成果，这种发明创造方法叫"同物组合法"，属于创造法中的一种基本组合类型。

 请你创造

我用两个圆画出一辆拖拉机和一辆自行车。你能用两个圆画出什么来呢？

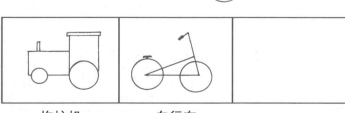

拖拉机　　　　自行车

知识链接

拉链又称拉锁，是一个可重复拉合、拉开的由两条柔性的可互相啮合的连接件组合而成的常用品。它是一百多年来世界上最重要的发明之一，常见的拉链形式有单头闭尾式、双头闭尾式、双头开尾式等。

拉链的链牙有大小之分，齿形各有不同，拉头造型富于变化，又可作装饰。拉头还可做保险，使拉链拉合后不会自动滑开。拉链的工作原理其实很简单，即两条拉链带通过拉头的作用，使其能随意的拉合或拉开。每一个齿都是一个小型的钩，能够与挨着而相对的另一条带子上的一个小齿下面的孔眼匹配。这种拉链很牢固，只有拉头滑动使卡齿张开时才能拉开。

参考答案

眼镜

裙 裤

第一次世界大战前的欧洲，女人只能穿裙子，如果有哪位妇女胆敢穿裤子，就会受到惩罚。平民女子不敢穿裤子，皇家贵族女子同样不敢穿。

之所以哪个时候不许女人穿裤子，是因为当时的人们把裤子视为权力的象征。尽管对妇女的各种约束很多，但还是有大胆女子变着法子穿裤子——法国王后卡特琳娜·德·美第奇喜欢骑马，骑马不穿马裤不方便，但她又不敢违背时俗，于是灵机一动，来了个组合：马裤外面套长裙。马裤外面套长裙毕竟不是服装，但是，有了组合的原因，随后就有了组合的创造。1810年，巴黎的三位服装设计师帕坎、德雷科和贝肖夫·达维德，把裙子和裤子组合起来，发明了裙裤。

画龙点睛 这是一种优势互补的组合创造方法。运用这种方法，取两者优点，常常可以创造出一种新的事物。

这个圆添一笔变成气球，添两笔变成苹果，如果添三笔，你能创造出什么来呢？

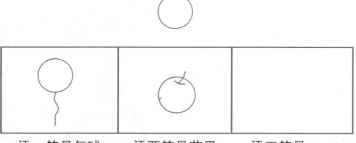

添一笔是气球　　添两笔是苹果　　添三笔是……

知识链接

裙裤是现代裤类的一种。裙裤的特点是像裤子一样具有下裆，但裤下口放宽，外观形状又很似裙子，是裤子与裙子的结合体。

裙裤现在已成为男女青年在盛夏季节时常穿着的便装，属于生活服装的组成部分。

裙裤保留了裤子的优点，如便于行动，不易走光等，又具有裙子的飘逸浪漫和宽松舒适。

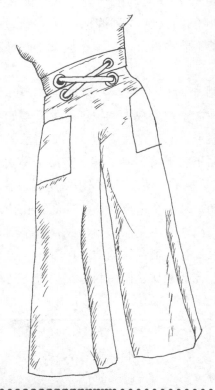

参考答案

圆扇

望远镜

15 世纪时，在荷兰的米德堡市有一个名叫汉斯·利伯的眼镜匠，他一天到晚爱琢磨，于是发明了一些小工具和器具，因此买卖也兴隆起来。

一天，他的几个孩子把店里摆设的透镜镜片拿到楼上去玩，孩子们想："一个镜片能把东西放得很大，把两个镜片重叠起来会怎么样？"当他们把镜片重叠起来注视前方时，突然大声喊了起来："哎呀！多奇怪，教堂变得真近啊！"汉斯·利伯听到喧哗声，上楼训斥他们，但是他还是照孩子们的做法试了试，果然教堂看着变近了。不久，他就开始制作并出售专供孩子们玩的望远镜并因此赚了又不少钱。

画龙点睛

把原先的事物分解，然后根据新的意图将各部分重新组合起来，使之更新颖、更完善。这种发明创造的方法叫"重组创新法"。

请你创造

在这个半圆上添上一些小笔画，就使它变成了一只老鼠和一个小蘑菇，真神奇。你还能添出什么东西吗？

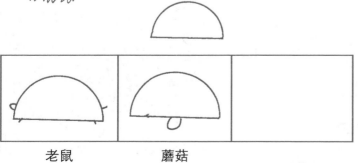

老鼠　　　　　蘑菇

1609年，伽利略创制"折射式望远镜"，首次对天空进行观测，看到了太阳黑子、月球上的群山阴影。1668年，牛顿创制了第一架反射式望远镜，能清楚地观看木星的8个较大卫星。

1659年，惠更斯借用望远镜首次描绘出土星光环。1782年威廉·赫瑟尔用12米长、直径30厘米的反射望远镜，绘制了首张详细的银河天体图。1897年，叶凯士折射式望远镜，首度证实银河系是一螺旋状星系。

1918年，哈勃用胡克望远镜，精确地指出银河中看似微弱的星云，其实是距离我们有几百万光年的其他星系。

从20世纪60年代起，天文学家们已将计算机应用于望远镜所有的设计、架构与操作的各个阶段，促使效能更佳的望远镜被生产出来，产生了许多不同的模式，适用于多种不同的任务。

参考答案

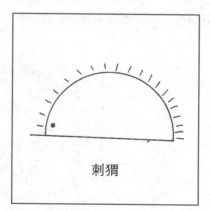

刺猬

天文望远镜

荷兰的眼镜匠普尔斯哈依发明了望远镜的消息很快在欧洲各国流传开了，当时的大学者伽利略知道了这件事。他立即想到，能不能用望远镜来看太空中的星球呢？

他马上投入研究。几经努力，他终于在1609年10月造出了一台能放大30倍的天文望远镜。伽利略用自制的望远镜观察夜空，第一次发现了月球表面高低不平，覆盖着山脉并有火山口的裂痕。此后又发现了木星的4个卫星、太阳黑子运动，并做出了太阳在转动的结论。

以后更先进的天文望远镜就是在这得天文望远镜的基础上进行和创造的。

画龙点睛

事物无论怎样完美，总还是有不足，只要你深入挖掘下去，总会有新的发现和收获。这种方法就叫"挖掘创造法"。

请你创造

我能用一个半圆画出一颗图钉，两个半圆画出一盏灯。那么现在给你三个半圆，你能画出什么来呢？

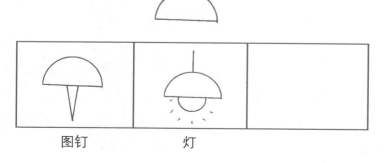

图钉　　　　灯

知识链接

望远镜其实就只有两部分镜片，由物镜聚光，然后经过目镜放大，物镜目镜都是双分离结构，以便便成像质量有所提高。它和双筒望远镜的原理是一模一样的，只不过口径更大（能汇聚更多的光线），镜筒更长，其目的是提高倍率。

著名天文学家哈勃命名的"哈勃"太空望远镜，是迄今人类送往太空的最大的望远镜。

哈勃望远镜总长12.8米，镜筒直径4.28米，主镜直径2.4米，连外壳孔径则为3米，总重11.5吨。这是一个完整的性能卓越的空间天文台，借助它可观测到宇宙中140亿光年远发出的光。

它能够单个地观测星群中的任一颗星。它能研究和确定宇宙的大小和起源，以及宇宙的年龄、距离标度。它能对行星、黑洞、类星体和太阳系进行研究，并画出宇宙图和太阳系内各行星的气象图。

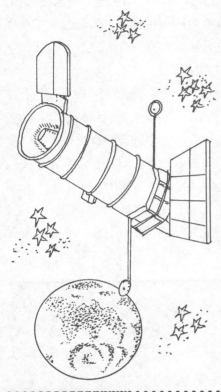

参考答案

碗

圆珠笔

比罗是匈牙利的一名记者，有一次在写稿时，他所用的钢笔一不小心把稿纸划破了，他想，要是把笔尖换成圆滑的珠子就不会划破纸了。

于是，比罗去请有名的化学家奥基帮忙。奥基说："笔尖换成圆珠没问题，可是圆珠周围能漏出适当的墨水才可以写字呀。"

比罗想，如果让圆珠转动的时候能控制墨水的流量不就行了吗？

比罗开始反复试验。1943年，比罗终于发明了依靠圆珠的转动送出墨水的新笔——圆珠笔。圆珠笔用起来非常方便，价格又便宜，所以很快就在全世界流行起来。

画龙点睛

通过变换原理、结构和方法等手段，达到自己希望得到的结果，这叫"变换思维法"。

请你创造

我能用一个三角形画一棵树，两个三角形画一条鱼，现在给你三个三角形，你能画出什么东西呢？

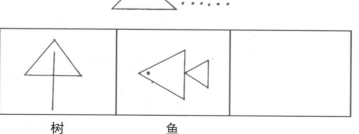

树　　　　鱼

圆珠笔，以前人们又把它叫作原子笔，是一种非常流行的书写工具。

圆珠笔是怎么工作的呢？

其实圆珠笔的原理并不复杂——它的笔尖上有一个小钢珠，小钢珠嵌在一个铜制的小圆柱体管内，后边连接装有油墨的塑料管，油墨随钢珠转动均匀流出。也就是说，小钢珠的转动，把油墨带了下来，我们就能写字了。

圆珠笔有不渗漏、不受气象影响、书写时间较长、无须经常灌注墨水等优点，受到人们的喜爱。

参考答案

树

去弊的圆珠笔

1943 年，匈牙利记者比罗发明了圆珠笔，这种不用吸墨水，也不漏墨水的笔受到人们的青睐。

不过，当时发明的圆珠笔有一个缺点，那就是在写了两万字左右，就会因笔头部分磨损产生严重的油墨外漏现象。

油墨外漏给书写者带来烦恼与不便，这使得圆珠笔一度失去了人们的欢迎。

怎么办呢？有人进行的新了考虑：若笔芯里的油墨恰好也只能用于写两万字左右就耗尽了，那笔头即使再磨损也没太大影响啦！于是有了新的设计——使圆珠笔刚好写完两万字就没有油墨了。油墨外漏的不足解决了，圆珠笔又重新得到了人们的宠爱。

画龙点睛

一种事物往往同时存在利和弊。"去弊存利"是发明创造的一种思路。应用这种思维方法，常常可以创造出更为理想的新事物来。

请你创造

我能在一个长方形上分别画出菜刀和毛巾。你能画出什么来呢？

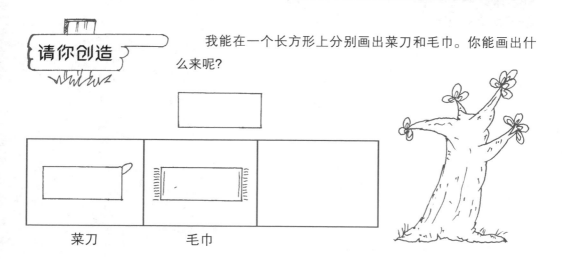

菜刀　　　　毛巾

圆珠笔的发明者比罗把他的发明专利提供给了英国皇家空军，于是英国的一家飞机制造厂首先造出世界上第一批圆珠笔。

第二次世界大战期间，比罗移居阿根廷时，把经他改良后的圆珠笔专利权卖给了美国一家公司，使圆珠笔由阿根廷传入了美国。第二次世界大战结束不久，美国一些厂家大量生产了圆珠笔，同时传到中国和日本等国。

1947年，日本开始制造圆珠笔。至1951年，全世界约有250个公司和厂家相继开始生产圆珠笔，但为时不久，这种存在缺陷的圆珠笔滞销，许多圆珠笔厂家纷纷停产倒闭。

1954年，派克公司又开始生产经过研究改进的新一代圆珠笔，从而恢复了圆珠笔在使用者心目中的地位。

1948年，我国上海的丰华精品制造厂开始制造圆珠笔，这是我国第一家制造圆珠笔的企业。

参考答案

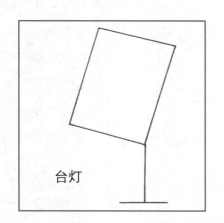

台灯

坩埚炼钢法

1750 年，英国的钟表匠亨茨曼想进一步提高钟的质量，可当时钟表的核心部件——发条的钢材不过关，这大大影响了钟表的质量。

这可怎么办？好的钢材又到哪儿去找呢？为了制造更好的钟表发条，亨茨曼决定自己尝试炼制少量的优质钢。亨茨曼经过反复摸索，终于发明了坩埚炼钢法，炼出了非常好的优质钢。从此他们制造的钟表更加畅销了。

坩埚炼钢法，使欧洲历史上第一次炼得了液态钢水。不过，这一发明的关键是促成了一种可耐 1 600 ℃高温的耐火材料的诞生，并以此材料制作出耐高温的坩埚。从此，各种优质钢均采用坩埚法冶炼。

画龙点睛　　借助已有的知识，根据创造目标，确定一个合适的类比事物，找出它们之间相通的地方，从而获得解决问题的方法叫"类比创造法"。

请你创造

将几个图形拼起来，再添几笔，可以画成狐狸、鱼。你能用这几个图形画出什么来呢？

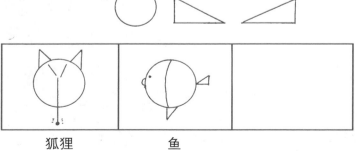

狐狸　　　　　鱼

"坩埚炼钢"是一种专业术语，其方法是在石墨黏土坩埚中熔化铁成为钢水。

1750年英国人亨茨曼发明了这一方法，他将渗碳铁切成小块置于封闭的石墨黏土坩埚中，在坩埚外面加热，铁吸收了石墨中的碳而熔化成为高碳钢水，用引钢水浇铸成小锭后再锻打成所需的形状。

钢在坩埚中熔化时，石墨碳还能起还原剂作用。钢中的氧可以去除各种夹杂物，同时也能从液态钢中上浮至钢水表面便于去除，所以这样得到的钢的质量大为改善，可以用来加工制造更多人们需要的工具。

坩埚炼钢法是人类历史上第一种生产液态钢的方法，但是该法的生产量极小且成本高。19世纪末电弧炉炼钢法发明后，逐渐取代了坩埚炼钢法的位置。只是在一些试验中，还有人应用坩埚熔炼钢进行研究。

参考答案

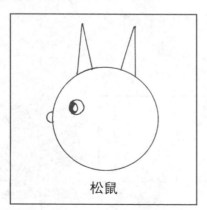

松鼠

手 表

手表是尽人皆知的日用品，人类第一块手表问世至今已200多年。手表的原创者既不是瑞士的钟表匠，也不是钟表商。据考证，其原创者竟是与制表八竿子打不着的法兰西皇帝拿破仑。

当时，男人们都用的是怀表。拿破仑为了讨皇后约瑟芬的欢心，想把怀表戴在皇后的手上。于是，拿破仑命令工匠要制造出一种能戴在手上的表。

工匠们经过研究，最终制造出一种体积小的表，并在表的两边设计针孔用来装皮表带或金属表带，以便把表固定在手腕上。手表就这样诞生了。

此后一段时间，怀表依然是男人身份地位的象征，手表则被视作女性的饰物。

画龙点睛

把不方便的部分去掉，补上方便的部分，这种"去补法"实为一条发明创造的好路子。观察你身边的事物，看能不能用该方法获得一项发明创造。

请你创造

我用这个半圆画出了一只鸟，一只蝴蝶。你还能画出其他的动物吗？

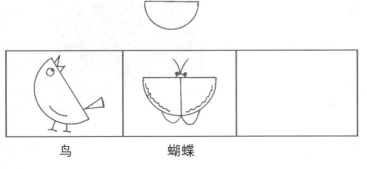

鸟　　　　　蝴蝶

知识链接

自动机械表不用上发条就会走，这是为什么呢？绝大多数自动表里都有一个偏心的摆陀，这东西有点像建筑施工中砸夯实地面用的那个夯。它的形状像个半圆的盘，选用质量比较重的金属制成，且边缘比较厚，所以大部分质量都在陀的边缘上。这样的构造使偏心摆陀能够利用地心引力和人手臂的摆动而旋转，从而驱动一组齿轮去上紧发条来为自动机械表提供动力。

参考答案

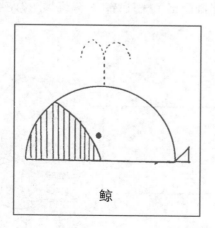

鲸

手表钟

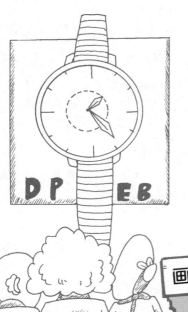

DP EB

从第一只手表发明后，大多数人们的头脑中便认定手表就应该是戴在手上的，便没有再作其他更多的设想。

可是在1984年的时候，有一位瑞士人却在突发奇想——能不能把手表挂在墙上，让人们来看时间呢？于是，他制造了一只特大型"手表"，它的直径有16.3米，重达13吨。

他把这只"手表"悬挂在法兰克福银行的外墙上。这巨大的"手表"非常气派，格外的醒目和新奇，引来了许多人的注目。

随后，这种"手表"便在全世界畅销起来。

画龙点睛　　有目的地将一些事物扩大，放大到一定程度之后，就会产生出一种新的事物来，它既具有原来事物的某些特征，但又不同于原先的事物，这叫"增大法"。

请你创造

我用这个半圆画出了一把梳子，一顶帽子。你还能用它画出什么日常用的东西来吗？

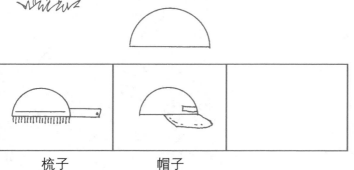

梳子　　　　帽子

钟表是计时器的一种，在钟表发明以前，古人们已经开始利用各种方法来度量时间。比如，依据太阳光线的位置判断时间的日照，使用沙子的流动记录时间的沙漏，有人把它们分别叫作"太阳钟"和"沙钟"。

这些都不属于钟表的概念，因为钟表是通过能够产生振荡周期的装置来计算时间的。

有关钟表的发展历史，大致可以分为三个演变阶段：①从早期天文计时器中逐渐脱离；②从大型的报时钟向微型化过渡；③腕表的发展和电子技术的运用。

钟表的每一个发展阶段，都是和当时的技术发明分不开的。

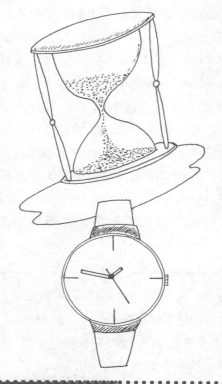

参考答案

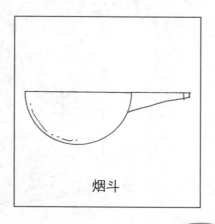

烟斗

净水器

1815 年，在英国泰晤士河畔，当时爆发了一场霍乱，因为霍乱的传播大都跟水有关，于是一位名为道尔顿的先生受女王所托开始研究净水器并最后研发成功，被女皇授予皇家称号，这就是英国的"皇家道尔顿"净水器。

净水器可以滤掉水中的一些有害物质，受到人们的欢迎。随着人们生活水平的不断提高，人们对净水器的要求也就越来越高了。

如何来提高净水器的功能呢？

有人想出一个办法，即在原来的净水器上增加磁化的功能，使净水器处理过的水的水质更好，更有利于健康。

画龙点睛

在原有的物体上增加新的功能，并改进不足，这种创造法叫"减弊增利"法。请你观察一下周围的事物，尝试应用这种思维去发明一件新的事物。

请你创造

我用两个半圆画出一盏灯、一只碗。你还能画出什么来呢？

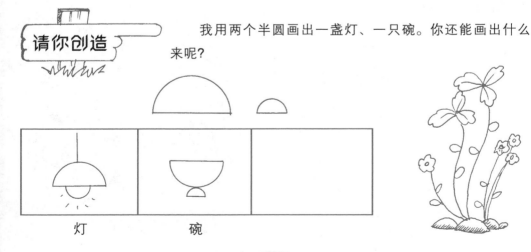

灯　　　　　碗

净水器也叫净水机、水质净化器，其技术核心为滤芯装置中的过滤膜。

净水器的功能就是过滤水中的漂浮物、重金属、细菌、病毒、余氯、泥沙、铁锈、微生物等。

净水器按管路设计等级划分为渐紧式净水器和自洁净水器两大类。传统的净水器是渐紧式净水器，截留物沉积于滤芯内部，需要定期人工拆洗。

另一类是更为先进的自洁式净水器，机内设计有两条通道，增加了一条洗涤水通路。作为平常生活用水的洗涤水经过通路时可对机芯特别是膜滤芯进行冲刷以达到自行清洁的目的，同时还利用开闭洗涤水龙头的瞬间头尾两段本来就要流掉的水将截留的污物及时且快速地排出。

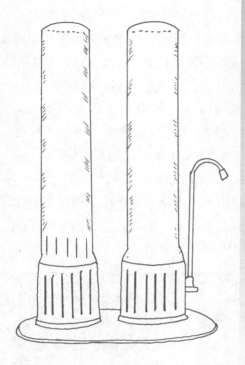

参考答案

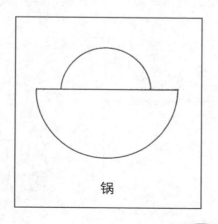

锅

听诊器

1816 年的一天，有位贵族小姐请法国著名医生林奈克看病。林奈克怀疑她患了心脏病，想用耳朵挨近她的胸脯，听听她心脏跳动的声音，但小姐不同意。

在回家的路上，林奈克看见两个小孩分别站在一条长木梁的两端，静听彼端传来的声音。

林奈克茅塞顿开，立刻返回医院，用纸卷成圆锥筒并将宽大的锥底置于病人的胸部，他贴在另一端倾听一阵后，惊喜地发现，可以听到病人胸部内的声音。经过多次试验，林奈克制成了一个长约 30 厘米、中空、两端呈喇叭形的木质听筒。这样，世界上第一个听诊器就诞生了。

画龙点睛　　把一种事物的原理、结构、材料和加工方法等成功地转移到其他事物上，从而产生一种新的事物，这种创造方法叫"移植创造法"。

请你创造　　我在这个长方形上添上一笔，画出了水桶和杯子。你能画出什么来呢？

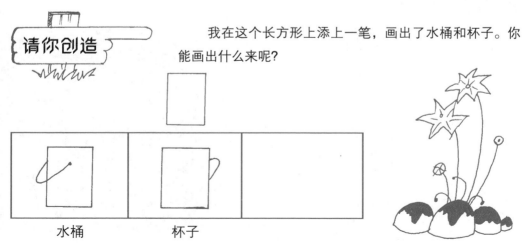

水桶　　杯子

知识链接

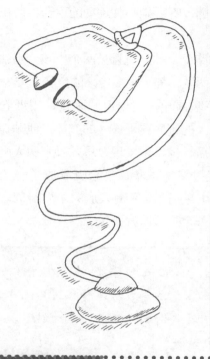

1840年，英国医生卡门改良了林奈克设计的单耳听筒。他发明的听诊器是将两个耳栓用两条可弯曲的橡皮管连接到可与身体接触的听筒上，听筒是一中空镜状的圆锥。卡门的听诊器，有助于医师听诊静脉、动脉、心肺、肠内的声音，甚至还可以听到母体内胎儿的心音。

1937年，凯尔改良了卡门的听诊器，增加了第二个可与身体接触的听筒，可产生立体音响的效果，称为复式听诊器，它能更准确地找出病灶所在。可惜凯尔改良的听诊器未被广泛采用。

近来又有电子听诊器问世，它能放大声音，并能使多名医生同时听到被诊断者体内的声音，还能记录心脏杂音，与正常的心音比较。

虽然新型听诊器不断问世，但是医生们普遍爱用的仍是由林奈克设计，经过卡门改良的旧型听诊器。

参考答案

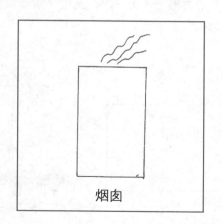

烟囱

隐形眼镜

眼镜的发明给许多人带来了好处，比如让视力不好的人读书写字变得方便。

可是，眼镜有时也会给人们带来一些麻烦，比如眼镜片上生雾气、镜架把鼻子压变形、携带不方便等。

于是，有人就设想能不能把镜架去掉，只要镜片呢？

经过人们的反复研究和多次实验，1887年，德国科学家阿道夫·菲克研制出第一款隐形眼镜。从此，隐形眼镜终于走进人们的生活里。

画龙点睛

这是用"减少法"来发明创造的一个例子。就是对事物在数量、成分、结构等方面进行删改，以发明创造出新的事物。

请你创造

我在这个长方形上添上几笔，画出了尺子和奶瓶。你能画出什么呢？

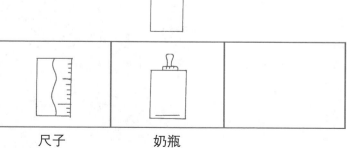

尺子　　　　奶瓶

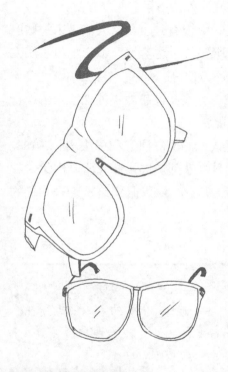

把镜片直接戴在眼睛上的想法，早在1508年就被达·芬奇提出——他首先描述将玻璃罐盛满水置于眼睛前，以玻璃的表面调节眼睛的光学功能。

1887年，德国科学家成功制造出第一只隐形眼镜。

1960年，捷克科学家研制出一种吸水后变软，且能适合人体使用的材料，制作出第一副软性隐形眼镜。1974年，为了改善镜片的透气性能，以达到使镜片能安全地佩戴过夜的目的，一种透气硬镜诞生了。

1981年，视康公司设计制作了第一副软性散光隐形眼镜。1982年，视康公司生产了第一副美容隐形眼镜和第一副双光隐形眼镜。1998年，视康公司创造了世界上适氧率最高的隐形眼镜。这种眼镜不用每天脱下清洗，可戴着睡觉。

参考答案

蜡烛

玩具飞机

玩具飞机既是一种古老的玩具，又是一种现代化的玩具。说它古老，是因为真正的飞机发明之前，人类就造出了类似飞机的玩意儿。说它现代，是因为只要有一款现代飞机问世，马上就会有仿真玩具飞机打入市场。

玩具飞机是怎么来的呢？当飞机从天上飞过之后，许多的小朋友就会感叹道，如果自己真有这么一架飞机该多好呀！

聪明的玩具开发商了解到小朋友们的这种渴望，于是灵机一动，就设计生产出了与真飞机外形一样，但却小许多的玩具飞机。这种玩具飞机上市后深受孩子们的喜爱，销路特别好。

画龙点睛

将一件事物缩小，这也是一种创新。玩具飞机就是将真飞机的形状缩小很多后创造出来的一款新玩具。这种创造方法叫"缩小法"。

请你创造

我用这个长方形画出了一头猪、一只鸡。你还能用它画出其他动物吗？

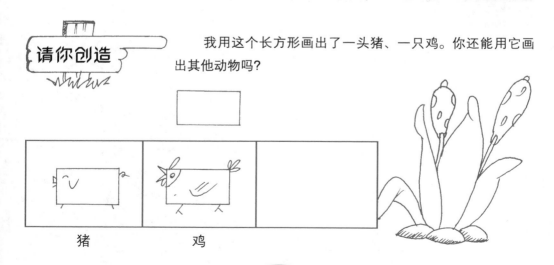

猪　　　　　鸡

知识链接

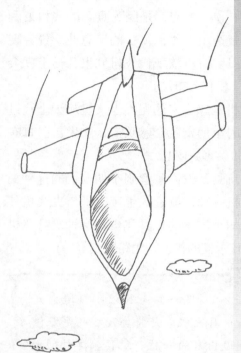

　　1986年7月，美国市场上突然冒出了一种奇异的玩具飞机，商家还打出了一个异乎寻常的广告——这是美国正在研制的绝密隐身战斗机"F19"，只不过后来公开的名字改为了"F117"。

　　1988年，美国正式公布了"F117"的照片，人们惊异地发现它的外形竟真与之前在市场上销售的玩具飞机很相似。

　　是不是玩具商真的探听到了美国的军事秘密呢？当然不是！这只是玩具飞机的设计者根据公开的材料进行了合理的想象，然后商家为了促销，做了一个虚假的广告而已。

参考答案

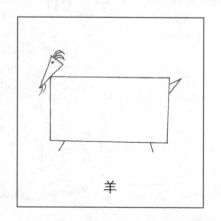

羊

尼龙搭扣

1948 年的一天，瑞士发明家乔治·梅斯拉尔带着他的狗外出散步。人和狗都从牛蒡草丛边擦过，狗身上和梅斯拉尔的裤腿上都粘上许多刺果。刺果粘在狗毛上很牢固，他们花了好些功夫才把刺果拉下来。

梅斯拉尔回到家，对刺果何以会粘得那样牢感到十分奇怪。他用显微镜仔细观察，发现原来是刺果上密密的小钩子钩住了毛呢的绒面和狗毛。他忽然想到，如果仿照刺果做成扣子，一定举世无双。后来梅斯拉尔设计出用许多钩子钩住一大堆线圈的方法，取得很好的效果。这就是我们今天广泛使用的尼龙搭扣。

画龙点睛

尼龙搭扣的发明创造，也是一种使用"仿生法"的实例，人们仿照某些生物的特性，如外形、色彩、意境等，创造出人类所需要的新事物来。

请你创造

我用这个半圆画出一钩弯月、一把镐。你还能画出什么呢？

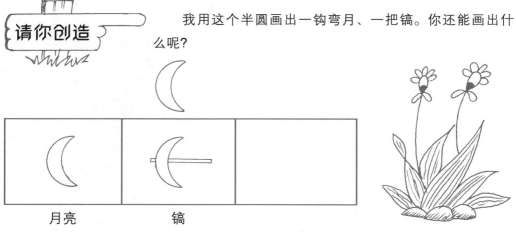

月亮　　　　　　镐

知识链接

尼龙搭扣实际上是由两条尼龙带构成，其中一条涂有涂层，上有类似芒刺的小钩，另外一条的上面则有数千个小环，钩与环能够牢牢地扣在一起。

尼龙搭扣具有不生锈、重量轻、可以洗的特点，用途广泛。尼龙搭扣应用于服装、背包、帐篷、降落伞、窗帘、沙发套等众多方面，通常作为服装、背包等的组成部分，属于成品。

尼龙搭扣也可用于工业设备上，如工业机械设备搭扣、机箱机柜搭扣、电气柜搭扣等，故也被称作搭扣锁。太空人还用它把食物包"挂"在太空载具的墙上，或使他们的靴子能附在地板上。

此外，还有蘑菇形的勾带和针织型的绒带，其扣合强力和撕揭强力更大，但绒面容易损坏，故只在不经常撕揭的地方应用。

参考答案

镰刀

汽化器

汽油机发明之初，由于燃料不能充分燃烧，汽油机的工作效率很低，达不到理想的效果。

美国工程师杜里埃总是在思考和研究这个问题，可他束手无策，一时找不到一种可行的办法。

有一天，杜里埃站在阳台冥思苦想仍没有个结果，当他转身准备回到房里时，他看到妻子正按着香水瓶头往头上喷香水，那香水呈雾化喷出。杜里埃脑子中突然闪过一个念头。

他随后仔细分析香水瓶喷头的结构原理，反复研究，终于发明出汽油机的汽化器，大大地提高了汽油机的工作效率。

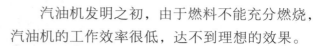

画龙点睛

由所需要解决的问题，联想到另一事物，从中得到启示，通过利用或模仿它的某些特征，来获得发明的成功，这种发明创造的方法叫"联想创造法。"

请你创造

这两个不同的长方形，我能利用它们"创造"出电视机、电冰箱。那么，你能用它们创造出什么呢？

电视机　　　　电冰箱

知识链接

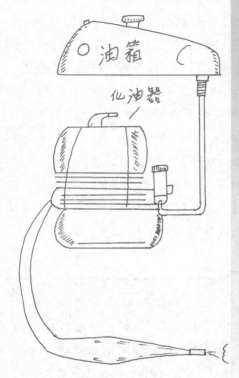

油箱

化油器

汽化器就是化油器。

要使汽油机的工作效率更好，汽油就不能直接通过导管进入发动机的燃烧室里。汽油必须与经过净化的空气混合，形成一种薄雾状的混合气，这样进入燃烧室才容易燃烧，化油器就是根据发动机的不同转速，也就是发动机转动的快慢，使燃料与空气形成浓度和分量相匹配的混合气。当发动机处在怠速，低、中、高速等不同的转速时，化油器供应的混合气的浓度和分量也随之调整。这样既节约了燃料，又使汽油机发挥了更大的工效。

参考答案

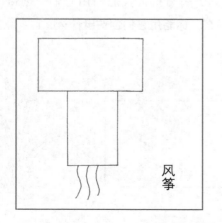

风筝

叩诊法

奥延布利加是奥地利的一名医生。当时由于没有可靠的诊断方法，医生经常发生误诊，让死神夺去了不少人的生命。奥延布利加为此十分苦恼。

有一次，一位患胸腔积水的患者因为没有被及时发现病情而死去，而奥延布利加突然想起童年常用的木棒敲酒桶的方法——根据酒桶发出的声音判断桶内装有多少酒。他想："酒桶有无酒敲打发出的声音不一样，病人的胸部和健康人的胸部，敲打的声音会不会也不一样呢？"

他带着这个问题进行了实践，发现敲打健康人和病人的胸部发出的声音完全不同。于是，奥延布利加发明了"叩诊法"。

画龙点睛

通过变换原理、结构和方法等方式，获得自己希望得到的结果，这叫"变换思维法"。

请你创造

用两个长方形，可以"变"出两头不同形态的牛。你能"变"出其他不同形状的牛来吗？

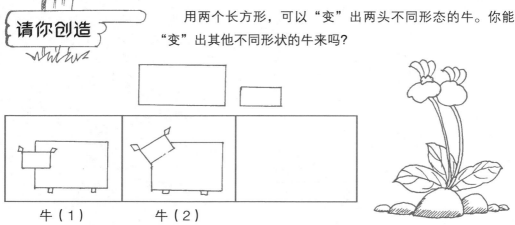

牛（1）　　　　牛（2）

知识链接

叩诊，就是指用手叩击身体某体表部位，使之振动且产生声音，再根据振动和声音的情况来判断被检查部位的脏器状态有无异常的一种诊断方法。

当用手叩击身体某些部位时，可以引起该部位下面的脏器发出不同的共鸣音，根据声音的性质及间隔时间可判断该部位是否正常。此法也可用于判断器官边界的病变情况。

根据叩诊的目的和叩诊的手法不同，可以分为直接叩诊和间接叩诊两种。叩诊者根据音响的频率（高音者调高，低音者调低）、振幅和是否乐音（音律和谐）的不同，在临床上将叩诊得到的声音分为清音、浊音、鼓音、实音、过清音五种。叩诊音的不同取决于被叩击部位组织或器官的致密度、弹性、含气量及与体表的间距。

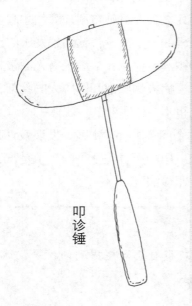

叩诊锤

参考答案

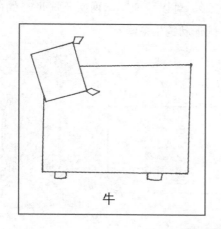

牛

新型棉花

哈哈…

棉花是一种重要的农作物，用途十分广泛。

以前的棉花产量并不高，而人们的需求量又很大，怎样才能使原有的棉花增加产量呢？这个问题一直困扰着科学家们。

我国农业科学家吴吉昌，有一次看见瓜农在甜瓜苗刚长出两片真叶时就打顶，经了解，打顶后的两片真叶的心里会很快地长出两根蔓来，这样可以多结甜瓜。

吴吉昌由此想到，能不能把这项技术用在棉花上呢？经过反复试验，他终于培养出"一株双杆"和"多杆多层"的新株型棉花，亩产因此翻了两番，获得了很好的经济效益和社会效益。

画龙点睛

把某一事物的特性转移到另一事物上去，这种方法叫"输入法"，这也是发明创造的一条途径。

请你创造

两个长方形能创造出一面镜子，三个长方形能创造出一个写字台。四个长方形呢？

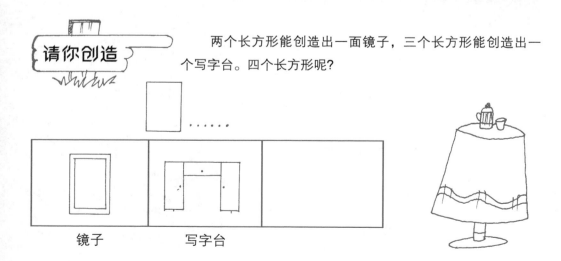

镜子　　　　写字台

知识链接

棉花是世界上主要的农作物之一，由于它的产量大，生产成本低，才使得棉制品价格比较便宜。

你可别小瞧了棉花，棉纤维能制成多种规格的织物，从轻盈透明的巴里纱到厚实的帆布和厚平绒，适于制作各类衣服、家具布和工业用布。

棉织物坚牢耐磨，能够反复洗涤和在高温下熨烫，棉布由于吸湿和脱湿快速而使我们穿着舒服。如果要求保暖效果好，可通过拉绒整理使织物表面起绒。通过其他整理工序还能使棉织物防污、防水、防霉。

棉花的主、副产品都有较高的利用价值，正如前人所说"棉花全身都是宝"。它既是重要的纤维物，又是重要的油料作物，还是纺织、精细化工原料和重要的战略物资。

参考答案

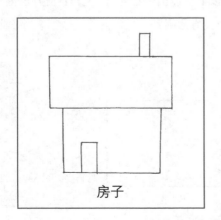

房子

集装箱

以前轮船靠港，货物在码头装卸是一件很麻烦的事。卸一次货要经过搬运、分类、码放、清点等烦琐的程序，在搬运的过程中，还很有可能造成货物的损毁丢失，给货主造成不可估量的损失，真是让人费心费力又费钱。

运输大老板麦克莱恩每逢装卸的时候，什么事也做不了，只能等，这让他心急如焚。他设想：如果在第一次装货的时候就把货物分好类，装到大箱子里，运输时直接把箱子装到卡车上，到了码头再用起重机将箱子吊上轮船，到了目的地用同样的方法卸货，这样应该能节省很多资源。麦克莱恩在此设想的基础上，不断尝试，最终设计出了集装箱并于1956年首次起航使用，获得了大大的成功。

画龙点睛 　将多个部分或步骤集合在一起使新创造的事物具备更多的功能，能节约更多的资源，这样的创新方法我们不妨称作"集合法"。

请你创造 我用这两个不同的长方形，建造了两座不同的楼房。你还能建造什么不同样的楼房吗？

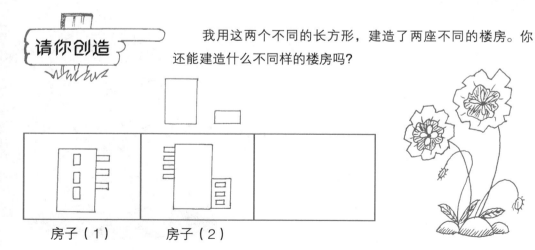

房子（1）　　房子（2）

知识链接

1956年，世界上第一支集装箱船队从美国扬帆起航并获得了巨大的成功。当时保守的运输公司、火车运输公司以及装卸工人都极力反对，各派势力的阻挠使麦克莱恩的正常运营受到了严重的影响，甚至一度濒临破产的边缘。

1966年，麦克莱恩的集装箱货轮进行了一次远洋航行，把一批货运到荷兰。这一次远航由于运用集装箱节省了装卸货物的时间，把美国到欧洲的运输时间减少了四周，而且装载了比原来多五倍的商品。在巨大的利益面前，保守派们再也无法保守了，纷纷效仿麦克莱恩，集装箱运输逐渐在全球盛行起来。

集装箱改变了航运的经济规律，如果没有集装箱，就不会有全球化。可以这样说，集装箱改变了世界。

参考答案

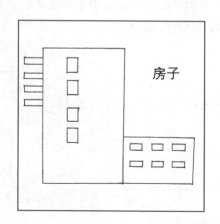

房子

自来水笔

1880年，美国某保险公司营业员华特曼，费尽了口舌，击败了几位同行的竞争，谈妥了一笔大生意。签订合同时，他递给顾客一支精美的羽毛蘸水笔，请他在合同上签字。谁知，那支笔漏了一摊墨水，把合同弄脏了。

"请稍等一下。"华特曼急忙回身去拿一份新合同。

谁知，站在华特曼身旁的一位竞争对手立即乘虚而入，抢在华特曼回来之前，同顾客签订了合同，从而抢走了这笔大生意。

华特曼十分生气，心想，要是有一支能控制墨水、使用又方便的笔就好了。于是，他开始琢磨制造这样的笔，经过多次试验，他终于成功了并获得了专利。

画龙点睛

围绕事物尽可能提出对它的希望，然后根据希望加以创造，这种方法叫"希望列举法"。

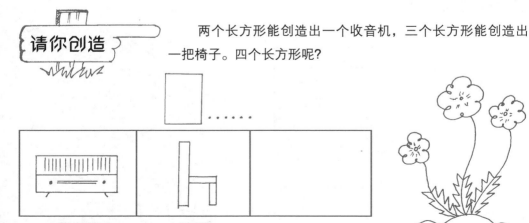

请你创造

两个长方形能创造出一个收音机，三个长方形能创造出一把椅子。四个长方形呢？

收音机　　　椅子

知识链接

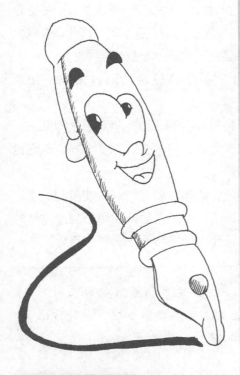

在中世纪，人们用一种削尖的鹅羽毛蘸取墨水写字。19世纪期间，许多人试图想出一个办法——把墨水装进笔身，从而避免蘸笔和被漏出的墨水弄脏的不便。可问题在于墨水从笔尖出来不够流畅。有人甚至生产了一种装有极小活塞的笔，这个活塞被用来将墨水通过笔尖抽出来。由于它的不便，最终这种笔没有流行起来。

华特曼设计的自来水笔，是通过采用细管作用（液体自然地流向一根十分狭窄的管子）来保持墨水稳定地流动。

以后的自来水笔都以相同的思路来进行制作，但注入系统有所改进。到了20世纪初，装有挤压吸取墨水橡胶管的笔风行起来。

参考答案

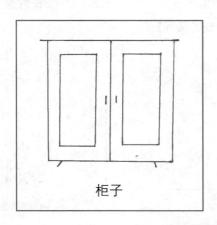

柜子

防弹玻璃

一次，一则小汽车撞上电线杆后又翻进沟里，一位乘客当场死亡，还有两人被玻璃碎片刺成重伤的消息引起了法国化学家涅狄克的注意。他想，假如有不碎的玻璃就好了！涅狄克回想起一件事：有一次，他不小心把一只药瓶打翻在地，奇怪的是，玻璃药瓶竟没有打碎，只是表面出现了些裂纹。原来这药瓶曾装过三硝酸纤维素酯的溶液，溶液已挥发，在药瓶内壁均匀地附着形成一层薄膜，正是这层薄膜使得瓶子没有摔得玻璃四溅。

涅狄克很快试制出了"安全玻璃"。这种玻璃用三硝酸纤维素酯和玻璃黏合而成，受到外力撞击，玻璃碎片不会飞散。后来人们把它安装在高级轿车和飞机的窗上，称为"防弹玻璃"。

画龙点睛

"防弹玻璃"也是用"希望列举法"进行发明创造的一个成功的例子。实际上这种创造方法应用很广泛，许多地方只要你提得出"希望"，就有发明创造的可能。

请你创造

我能将这个三角形"变成"一把伞、一面旗子。你能把它变成什么呢？当然变得越多越好。

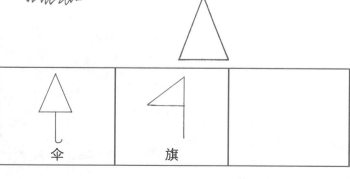

伞　　旗

防弹玻璃通常是用透明的材料制成，如聚碳酸酯纤维、热塑性塑料。它具有普通玻璃的外观和传光的行为，能抵御小型武器的射击。

防弹玻璃通常都是把聚碳酸酯纤维层夹在普通玻璃层之中。子弹容易击穿外表的一层玻璃，但坚固的聚碳酸酯纤维层会吸收子弹的能量，在它可能击穿内层玻璃之前让子弹停止运动。防弹玻璃通常厚达70~75毫米。

历史上，防弹玻璃曾由液体橡胶粘在一起的玻璃板材制成。这些大块的防弹玻璃已经在第二次世界大战期间做了公共的用途，通常厚度达100~120毫米，十分笨重。

多层并加装了强化纤维夹层的防弹玻璃，可以抵御12.7毫米大口径战术狙击步枪发射的穿甲弹的正面攻击。

参考答案

竹笋

罐 头

18世纪，拿破仑东征，因战线长，大量食品运到前线后都已腐烂变质无法食用。于是，他悬赏1 200法郎，奖给能发明防止食品变质容器的人。

巴黎一位制饼师尼古拉·阿帕特，对此很感兴趣，便开始研究。他发现把食品放入某一容器内，将其加热后不再打开，容器内的食品可以保持一段时间而不变质。根据这一原理，阿帕特很快制出了第一批玻璃罐头。这批罐头经过几个月的运输，到达前线，打开食之，鲜美如初。

阿帕特受到拿破仑接见，并得到奖金。他用这笔钱开办了一家罐头厂。

画龙点睛 以一种特别的形式，如悬赏方式，定向激励人去发明创造，这种方法叫"智力激励法"。

请你创造 我能在下图的基础上画出一只酒杯，还可以画出一个漏斗。你还能画出什么呢？

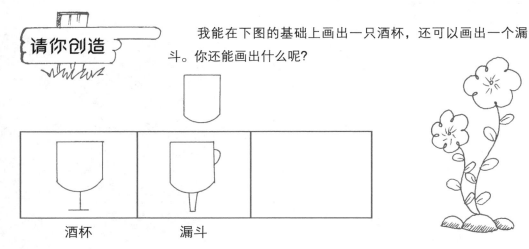

酒杯　　　漏斗

055

知识链接

　　罐头，就是我们把经过一定处理的食品，装入玻璃罐或其他包装容器中，经过密封杀菌，使罐内食品与外界隔绝而不再被微生物污染，同时又使罐内绝大部分微生物（即能在罐内环境生长的腐败菌和致病菌）死亡，并让酶失去活性，从而消除了引起食品变坏的主要原因，获得在常温下长期贮藏的保藏方法。

　　这种密封在容器中并经杀菌而在室温下能够较长时间保存的食品称为罐藏食品，即罐头食品，也简称为罐头。

　　尼古拉·阿帕特的罐头保藏方法就是将肉和黄豆装入坛子中，再轻轻塞上软木塞，置于热水浴中加温至坛内食品沸腾30~60分钟，此后取出坛子并趁热将木塞塞紧且涂蜡密封，这就制成了罐头。1810年，尼古拉·阿帕特撰写并出版了《动物和植物的永久保存法》一书。

参考答案

烟斗

马口铁罐头

玻璃瓶罐头问世后，由于携带方便，易于保存，很受人们的欢迎，所以很快在世界各地风行起来。

不过玻璃瓶罐头也有一个缺点，就是在搬运过程中容易破碎。

英国人彼得·杜兰特在这方面开动了脑筋，他想，能不能用一种又轻又不易碎的东西来做罐头瓶呢？不久，杜兰特制成了马口铁罐头，并在英国获得了专利权。

马口铁罐头比玻璃罐头具有更好的密封性，便于运输、不易破碎，还具有很好的不透光性，因为光线同样可能使罐头食品变质，或损失营养成分。

画龙点睛　　改变事物的形状、颜色、味道等，创造出一种新的产品，这就是"变一变"创造法。

请你创造

我用四个三角形画出了一艘小船和一座小桥。你还能画出什么呢？

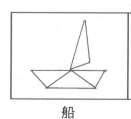

船　　　　桥

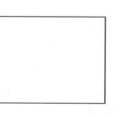

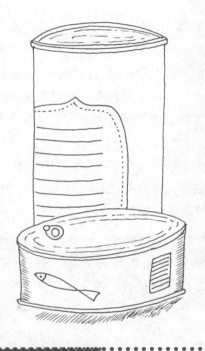

马口铁又名镀锡铁，是电镀锡薄钢板的俗称。

马口铁早期称洋铁，正式名称应为镀锡钢片。因为中国第一批镀锡铁是清代中叶由澳门从国外进口，澳门当时音译"马口"，故中国人称之为"马口铁"。

17世纪，英、法、瑞典都曾希望建立自己的马口铁工业，但由于需要大笔资金，所以迟迟未得到发展。直到1811年，布莱恩·唐金和约翰·霍尔开办马口铁罐头食品厂之后，马口铁制造才大规模发展起来。如今全世界每年产锡约25万吨，三分之一以上用来制造马口铁，其中大部分用于罐头食品产业。

马口铁罐头提供了一个除了热以外，完全隔绝环境因素的密闭系统，避免食品因光、氧气、湿气而劣变，食品贮存的稳定度优于其他包装材料。

参考答案

茶杯

汽 车

1883 年，德国工程师科尔·本茨成功研制出了第一台汽油发动机，功率高达 20 马力（1 马力 ≈ 735.5 瓦），使用效果非常好。1885 年，科尔·本茨看见一辆路过眼前的三轮车，他突发奇想——若把汽油发动机装在三轮车上，三轮车不是会跑得更快些吗？他立即这样做了，并在车后轮装了一个皮带轮，再在前轮上装了一个自行车的方向架，这就是被人们公认的世界上第一辆汽车。由此，科尔·本茨就成了奔驰汽车公司的老板。

画龙点睛

把汽油发动机加在三轮车上，便产生了一个全新的汽车，这"加一加"的发明创造法在发明创造中很实用。

请你创造

我用两个三角形画出了一只鹅和一只鸭。你还能画出什么动物呢？

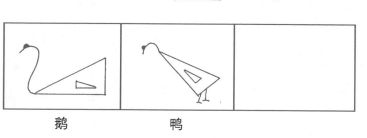

鹅　　　　鸭

知识链接

世界上第一辆汽车是由德国人卡尔·本茨于1885年研制成功的，这一举奠定了汽车设计基调——即使现在的汽车也跳不出这个框框，因此，1886年1月29日被公认为世界汽车的诞生日，本茨的专利证书也成为世界上第一张汽车专利证书。

本茨的车为三轮汽车。1885年，德国人哥特里布·戴姆勒发明了第一辆四轮汽车。本茨和戴姆勒是人们公认的以内燃机为动力的现代汽车的发明者，他们的发明创造，成为汽车发展史上最重要的里程碑，他们两人因此被世人尊称为"汽车之父"。

1889年生产的汽车可称得上是今日汽车的原型，发动机放在车前部，乘客分排坐在后面，装备有离合器、变速器和后驱动轴。现代汽车逐渐步入了电子化、智能化，还配有全球卫星定位系统。

参考答案

鹅

铁丝网

美国人约瑟夫是一个牧羊人，可他十分喜欢看书，有时候因为读书太入迷羊跑丢了都没察觉，牧场主因此威胁要将他辞掉。

约瑟夫想，如果有什么东西能使羊群不乱跑就好了。他经过观察发现，羊很少跨越长满刺的蔷薇围墙。于是，一个"有助于他偷懒"想法浮上心头：何不用细铁丝做成带刺的网呢？他把细铁丝剪成 5 厘米长的小段，然后缠在铁丝栅栏上，并固定成尖刺状。这下想要偷偷跑远吃庄稼的羊只好"望网兴叹"了，约瑟夫也再不必担心被牧场主辞退了。

约瑟夫就这样发明出了铁丝网。

画龙点睛

不要讥笑"懒主意"，许多发明创造就来自"一时的懒惰"。"懒主意"实质上是一种创新的设想，有些懒人为了达到省时省工的目的，往往能创造出使人惊叹的奇迹。

请你创造

我用五个三角形创造出两个不同姿态的人。你还能创造出其他不同姿态的人吗？

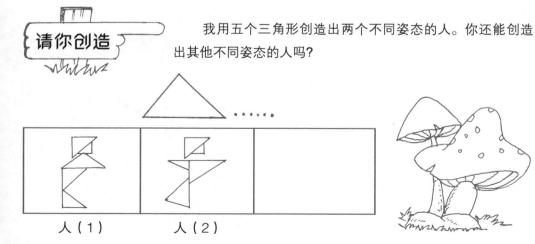

人（1）　　　人（2）

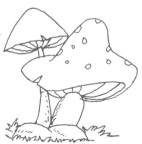

提起铁丝网，人们通常会联想到战场、监狱、边境线等特殊的场景。是的，铁丝网一经发明，就被广泛应用于军事和防御工程。即使在如今的和平年代里，铁丝网的应用也很广泛。

一位著名的经济家认为，铁丝网是"改变世界面貌的七项专利之一"。

铁丝网在美国西部边疆的开拓过程中，起到了明确产权的作用。正是使用了这种带刺的铁丝网，牧场主们才能够把自己的牧场和他人的牧场区分开来。铁丝网容易生产，安装简单，价格便宜，能有效地隔离牲畜，并且降低个人财产被盗的概率。

如今，在澳大利亚的草原上，依然可以见到一百多年前殖民者来此开疆拓土时留下的一方方铁丝网。

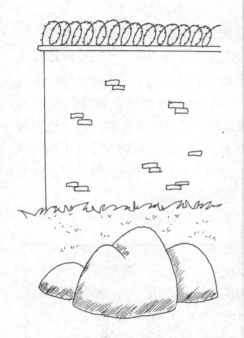

参考答案

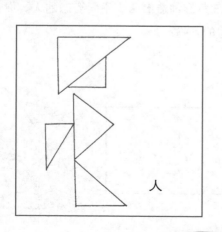

人

气垫船

英国人科克雷尔本来是一名无线电工程师，后来转行成为一名船舶制造师，开了一家公司，制造小艇出售，可是总有一些顾客抱怨他的小艇跑得慢。

有一天，一架飞机从空中飞过，启发了科克雷尔的灵感：空气能托起飞机，说不定也能托起小船。科克雷尔根据这一思路，开始自己设计这种能飞起来的船。经过不断努力，科克雷尔找到了把空气不断排到船身下，形成一层空气垫托起船身的办法。科克雷尔把这种船叫作气垫船。经过实验，1959年，气垫船终于研制成功。

画龙点睛

顺着空气能托起飞机这条思路想下去，不是找到船也能飞起来的办法了吗？气垫船的发明也是"顺向思维"的又一实例。

请你创造

我用这个三角形变出两只不同形态的老鼠。你能变出什么不同形态的老鼠来呢？

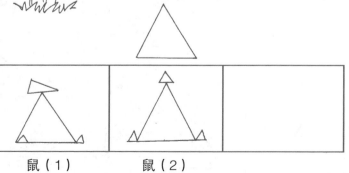

鼠（1）　　　鼠（2）

知识链接

科克雷尔的气垫船速度达到65节（1节=1海里/时），速度是普通渡船的2倍。这艘气垫船顺利地穿过了英吉利海峡，成为世界上第一艘实际航行的气垫船，也充分显示了气垫船的优越性。

现代的气垫船主要有两种形式：全浮式和侧壁式。世界上现有的最大气垫客船，要数英国制造的"SRN4-111"型气垫船。它采用的是全浮式，特征是用空气螺旋桨推进（如同飞机的螺旋桨一样），船的底部和水面之间形成气垫支持船体的重量，以减少航行阻力。

气垫船具有两栖性，适于在浅滩和浅水地带航行。气垫船的动力装置的功能主要用于两部分：一部分供给垫升风扇造成气垫所需的垫升功能；另一部分则是航行所需的推进功能。

参考答案 •••

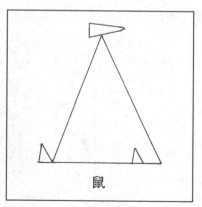

鼠

吸尘器

1901 年，英国土木工程师赫伯布斯来到伦敦莱斯特广场的帝国音乐厅观看从美国运来的一种车厢除尘器的公开表演。这种除尘器的除尘方法是用压缩机把尘埃吹入容器内，演示时扬起的灰尘让在场的人透不过气来，表演以失败告终。

赫伯布斯想，吹尘不行，那么吸尘行不行呢？他随即做了一个很简单的试验：将一块手帕蒙在椅子扶手上，用口对着手帕吸气，结果使手帕附上一层灰尘。很快，赫伯布斯发明了吸尘器，获得了意想不到的效益。

画龙点睛

赫伯布斯用的是一种逆向思维（反向思维）法，即从传统习惯思维方式相反的方向去思考、探索。

请你创造

我用三个三角形创造出一个杯子、一座房子。你还能用它创造出什么呢？

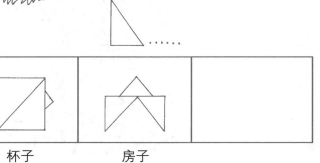

杯子　　　　房子

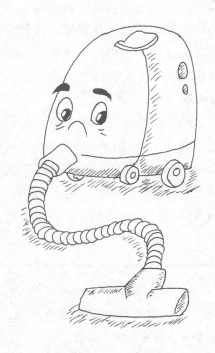

最早设计的吸尘器是直立式的。1912年，瑞典斯德哥尔摩的温勒·戈林发明了横罐形真空吸尘器。

吸尘器的工作原理是吸尘器电机高速旋转，从吸入口吸入空气，使尘箱产生一定的真空，灰尘通过地刷、接管、手柄、软管、主吸管进入尘箱中的滤尘袋，灰尘被留在滤尘袋内，过滤后的空气再经过一层过滤片进入电机，这层过滤片是防止尘袋破裂灰尘吸入电机的一道保护屏障。进入电机的空气经电机流出，由于电机运行中碳刷不断地磨损，因此空气流出吸尘器前又加了一道过滤。

过滤材料越细密就可以将空气滤得越干净，但透气度就越差，这难免会影响电机吸入的风量，降低吸尘器的效率，但对用户而言，舒适干净是主要的。

参考答案

树

留声机

一天，爱迪生在调试炭精送话器时，因为他右边耳朵听力不太好，他就用一根钢针代替右耳，来检验传话膜片的震动情况。当爱迪生用钢针触动膜片时，随着讲话声调的高低，送话器发出了有规律的颤音。

"如果反过来，使短针颤动，能否复原出声音呢？"爱迪生突然想到了一个新的领域——声音储存。

可怎么才能还原成声音呢？于是，爱迪生废寝忘食地开展研究储存声音的实验。经过一段时间的努力，1877年8月15日这天，爱迪生终于发明出了这种机器，并把它取名为"留声机"。这项发明轰动了世界。

画龙点睛

逆向思维在发明创造中很重要，许多发明创造都是通过逆向思维而取得成功的。爱迪生发明的"留声机"，就是运用了逆向思维。

请你创造

我用一个三角形画出了一块西瓜、一条鱼。你还能画出什么呢？

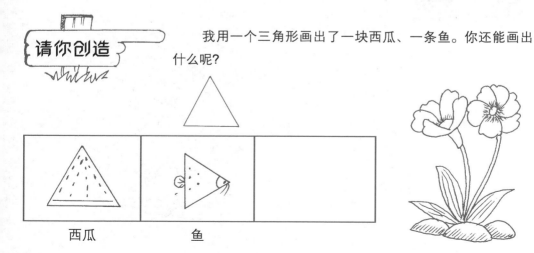

西瓜   鱼

知识链接

留声机现在几乎见不到了——在黑色的唱盘上，声音振动由一条波浪起伏的轨道或沟槽来实现，在唱盘平面上的波动，可准确地再现声波的压力变化。当唱针沿着沟槽移动时，针尖会随沟槽波动而轻微地振动。这个振动通过机械装置将其放大并散发到空气中。

当唱盘转动速度与录音速度一样时，声音就被准确地恢复出来。

唱片分为钢针唱片、密纹唱片、粗纹唱片、钻针唱片。唱片应是清洁的，音槽中灰尘太多会影响唱片播放效果。

参考答案

帽子

铅 笔

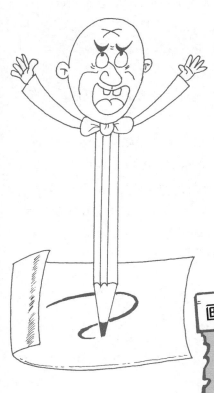

以前，人们只能用一种石墨写字，当时世界上只有英、德两国能生产这种黑矿石。1790年，拿破仑发动了对邻国的战争，英、德两国切断了对法国的石墨供应，拿破仑下令法国化学家康德解决这个问题。康德在自己的国土上找到石墨矿，但法国的石墨矿质量差，康德便在石墨中掺入黏土，放入窑里烧制，做成了铅笔芯。只是这种铅芯用起来会弄脏手指且容易摔断。1812年，美国有位叫威廉·门罗的木匠，他在刻有凹槽的木条中嵌入一根黑铅芯，再把另一根带有对应凹槽的木条与之对贴粘合在一起，制成了世界上第一支铅笔。

画龙点睛 改进物品原来的形状、性能、结构，使其产生新的形态、功能、特性，这种方法在发明创造中叫"改一改"。

**请你创造**

我用这个三角形变出了两只不同形态的鸡。你还能变出什么形态的鸡？

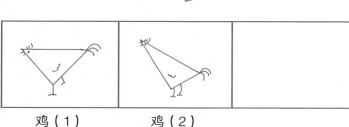

鸡（1）　　　鸡（2）

铅笔的历史非常悠久，它起源于2 000多年前的古罗马时期。那时的铅笔很简陋，只不过是金属套里夹着一根铅棒，甚至是铅块，倒也算是名副其实的"铅"笔——我们今天使用的铅笔是用石墨和黏土制成的，里面并不含铅。

我们现在使用的铅笔是要分硬度的，石墨中掺入的黏土的比例不同，铅笔芯的硬度也就不同。我们常看到铅笔头上标着B、HB一类的字母，表示的就是铅笔芯的硬度和颜色深浅。B表示黑度和软度，H表示硬度，所以，HB就是硬度和颜色深浅都适中的铅笔芯，适合书写。如果再在铅笔中掺入颜料，就会制出彩色铅笔。

参考答案

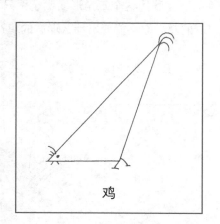

鸡

打字机

19世纪中期的美国，有一位叫肖尔斯的卷烟送货员，他的妻子姬蒂在一家商行里做着缮写文件的工作。文件很多，姬蒂白天干不完，只好晚上带回家来完成。

肖尔斯担心妻子这样会累垮。一天，他在与同事白吉纳闲聊中说，如果能有一台代替人写字的机器就好了。白吉纳告诉他，一个已去世的朋友没有搞成功的一台写字机还在他家储藏室里放着呢。

肖尔斯马上去白吉纳家里弄回了那台机器。他把整整六年的业余时间，都投入到了打字机的试制中。

1867年，世界上第一台被人们认可的打字机终于问世了！

画龙点睛

繁复的劳动往往会催生创新的设想。打字机的发明就是一个很好的例子。

请你创造

我用两个三角形创造出一盏灯、一只蝴蝶。你还能创造出什么呢？

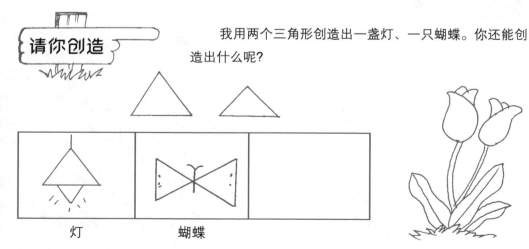

灯　　　　蝴蝶

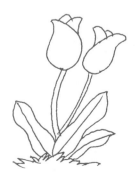

1808年，意大利人佩莱里尼·图里发明了世界上第一台打字机，但这台打字机并没有被世人认可。1828年，美国人伯特制造了一部名为"排字机"的机器。然而最初发明的打字机只有简单地让26个字母按照顺序排列，因而并不能很好地为人们工作。1868年，美国人肖尔斯再次改进了打字机而使打字机终于而获得了人们的青睐。

随着计算机技术的发展，电脑打字机也应运而生。当以电脑为代表的信息时代到来时，除特殊场所外，曾经的打字机便迅速地退出了历史的舞台。

参考答案

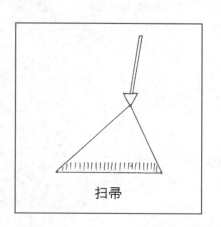

扫帚

吸水纸

在德国的一家造纸厂，由于工人的疏忽，忘了在纸浆中放进胶质，致使造出的这批纸不能用钢笔书写。

老板找来这几个工人，要求他们每个人都写检讨书并另加经济处罚。这几个工人自认倒霉，便想弥补损失。有人说："这纸不能写字，难道就没有别的用处吗？"

"对呀！"老板发现，这批纸的吸水性能相当好，可以吸干家庭器具上的水分。于是，他把纸切成小张，取名"吸水纸"，拿到市场上去卖，竟然十分畅销。后来，这位老板还申请了专利，独家生产吸水纸发了大财。

画龙点睛

遇到不称心如意的事，待平静之后，再回过头来从积极的方向去思考，从而产生创造性设想，获得新的创造机会，这种思考方式叫"回转思考"。

请你创造

我用这些图形"变成"两只不同形态的海豚。你还能"变"出其他形态的海豚吗？

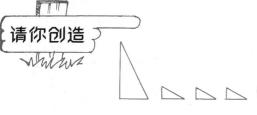

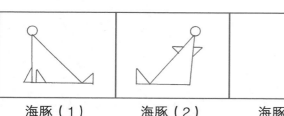

海豚（1）　　海豚（2）　　海豚（3）

吸水纸是一种特殊的卫生材料，主要用于卫生巾、纸尿裤、美容用吸水面膜。

吸水纸之所以能吸水，是因为吸水纸是由细小的纤维构成的，纤维之间结合得不紧密，水在接触纸以后，由于毛细现象会沿纤维的细小缝隙运动，这也是物体间分子力的主要表现，这种力量基本不受重力的影响。

如果纸纤维间结合得比较紧密，纸的毛细现象就没有那么明显了，吸水的性能就会变差。

参考答案

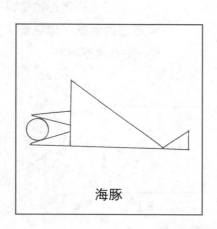

海豚

激 光

1951年的一个清晨，哥伦比亚大学的汤斯教授坐在华盛顿的一个公园里，等待饭店开门用餐。这时他突然想到：一些物质的分子振动频率与微波波段范围的辐射相同，比如氨分子，在适当的条件下，或许可能发射微波。对，如果用加热或通电的方法，给氨分子以能量，让氨分子处在"激发"的状态，那么，只要有微弱的入射微波束，氨分子就会被激发而转变为一种特殊的辐射并释放出能量。他忙从口袋里翻出一只旧信封，将要点记录在信封背面。两年后，汤斯和他的学生们终于成功地研制出一台"受激辐射微波放大仪"（简称"脉泽"）。随后他发明了激光。

画龙点睛　　要达到新的目的，要从习惯上、观念上避开通常的做法，不受已有经验的束缚，尽可能地找出许多方案，这种思维叫"发散思维"，也叫"扩大思维"。

请你创造　　这个椭圆，我从不同的角度，用不同的方法添上一笔，它就变成了一个音符、一棵树。你也添上一笔看看还能让它变成什么？

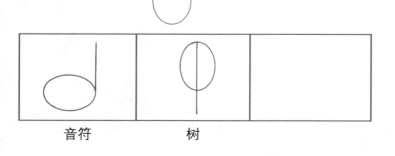

音符　　　　　树

激光最初的中文名叫"镭射"，是由原子受光或电的激发，产生能级转换时所放射出的光。

激光的颜色非常单纯，而且只向着一个方向传播。

由于激光的能量高度集中，所以激光的亮度比普通光的亮度高千万倍，甚至亿万倍。由于它是大量原子受激辐射所产生的发光行为，故在传播中始终像一条笔直的细线。

激光比太阳表面的亮度大10亿倍，从地球照到月亮上再反射回来都不成问题。

激光具有很大的能量，可以在钢板上打洞或切割，可用于外科手术；在军事领域，可以制成摧毁敌机和导弹的激光武器。

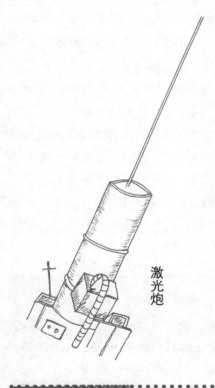

激光炮

参考答案

气球

风 车

公元前 650 年，古希腊的一个奴隶名叫阿布·罗拉。他见奴隶们经常用木桶打水，十分费力，便开始动脑筋想找到一个既省力又方便的提水方法。

经过反复考虑，罗拉终于有了主意。他对主人说了自己的想法，主人一听，立即同意让罗拉来进行这项试验，还给他配备了几个奴隶做帮手。

罗拉用砖砌成了高塔一般的建筑物，并装上一根巨大的转轴，轴上装上用芦苇编织的风叶，当风从前面吹来，叶片便被带动起来，被带动的叶片将水从井下提了上来。这就是世界上最早的风车。

画龙点睛

在发明创造中，扩散思维常常起到举足轻重的作用。罗拉把用木桶打水进行扩散成为风力打水。

请你创造

我在这个椭圆上添上几笔使它就变成了一片树叶、一片荷叶。你还能画出什么植物呢？

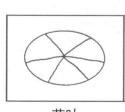

荷叶

树叶

罗拉的风车发明以后，几乎轰动了整个古希腊，人们纷纷仿效，在不长的时间里，古希腊国土上便耸立起了许多类似的风车。直到今天，希腊的不少地方仍然可以看到许多古色古香、奇形怪状的古老风车。

到了18世纪，风车在世界各地的利用达到了极盛。当时，风车广泛应用于灌溉排水、磨面制粉、截锯木材等。我国风车的使用开始于汉朝，至今已有2 000多年的历史了。

现在人们又开发出了风力发电。风力发电已在世界上形成一股热潮，因为风力发电没有燃料问题，也不会产生辐射或空气污染，是一种清洁能源，越来越受到人们的关注。

参考答案

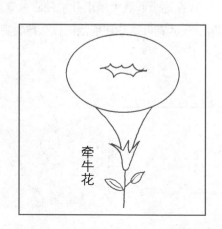

牵牛花

连发步枪

美国南北战争的时候，士兵们都使用单发步枪，射击速度很慢。

北军中有一个叫克里斯托·斯潘塞的士兵，有一次子弹出膛的后坐力撞疼了他的肩头。他突然想到：可不可以利用后坐力在退弹壳的同时装子弹呢？他经过多次试验，制成了一支可以边退子弹壳边装子弹的连发枪。由于得到了林肯总统的赞赏，很快，连发枪投入了批量生产。连发枪射击速度迅猛，火力大，用连发枪装备的北军重创了南军。克里斯托·斯潘塞在南北战争中立下了战功。

画龙点睛

一些问题很难直接地找到答案，这时可以从侧面迂回入手，通过间接的思考，从而找到解决问题的方法，这种思考方式叫"迂回思考法"。

请你创造

我用一个椭圆画出了一个西瓜、一个甜瓜。你还能画出什么水果呢？

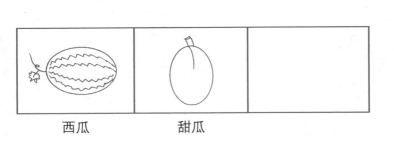

西瓜	甜瓜	

知识链接

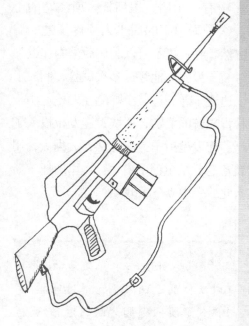

连发步枪又叫自动步枪，它是借助火药气体压力及弹簧的作用力完成推弹、闭锁、击发、退壳和供弹等一系列的动作。

以前的连发枪只是能够从弹仓中接连推弹入膛而已，开锁和退壳等动作还需手动操作来完成。

第一支真正的自动步枪是 1883 年由美国工程师马克沁发明的。步枪射击时，火药产生的气体除了将子弹射出枪管外，同时还使枪产生后坐力。马克沁利用了部分火药气体的动力使枪完成开锁、退壳、送弹和重新闭锁等一系列动作，从而实现了步枪的自动连续射击，并减少了枪支对射手撞击的后坐力。

参考答案

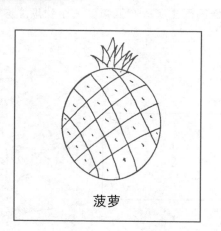

菠萝

珍妮纺纱机

哈格里夫斯是英国一家纺织厂专门给纺纱机制造木头纱锭的工匠。1765年的一天，他抱着一筐空锭子来到工场，没留神踢翻了一台纺纱机，可纺车倒地之后，由于惯性的作用，那锭子直直地竖了起来，依然轻快地旋转。哈格里夫斯眼前一亮：既然锭子可以竖着放，那么一排装上七八个锭子，不是可以大大提高工效吗？他连夜改装了1台原来只能装1个锭子的纺纱机，给装上了8个。哈格里夫斯的改造成功了，他把自己发明的纺纱机用上了女儿的名字，即为珍妮纺纱机。

画龙点睛

对于陈旧的事物，包括其技术、原理、结构和方法，如果能开拓新用途或稍加改变用于未曾用过的地方，无疑也是一种创造和发明，这种思维方法叫"改一改"，即改进方法，修正缺点。

请你创造

我用一个椭圆画出了一只螃蟹、一只青蛙。你还能画出什么动物呢？

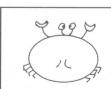
螃蟹

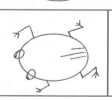
青蛙

知识链接

　　最早的织布机，靠人力劳动。使用的方法是用足踩织机经线木棍，右手拿打纬木刀打紧纬线，左手做投纬引线的姿态。这种足蹬式织机没有机架，卷布轴的一端系于织布人腰间，双足蹬住另一端的经轴并张紧织物，用分经棍将纱按奇偶数分成两层，用提综杆提起纱形成梭口，以骨针引纬，打纬刀打纬。

　　这种织机最重要的成就就是采用了提综杆、分经棍和打纬刀。这种织机虽然看似简单，但是已经有了上下开启织口、左右引纬、前后打紧3个方向的运动，是现代织布机的始祖。

　　现代纺织工业的发展，出现了多种形式的无梭织机、片梭织机、喷气织机、喷水织机、多组织机、磁力引纬织机等。

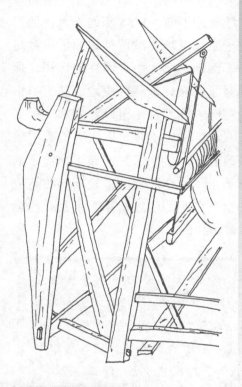

参考答案

企鹅

人造丝

看，多轻柔！

希雷·夏尔多内是法国科学家巴斯德的学生、助手。他从蚕吐丝结茧的现象中受到了启示，琢磨着：能不能用人工的方法制成丝呢？于是他开始研究起人造丝来。

不久，希雷·夏尔多内制成一种含氮的硝酸纤维素，并用这种物质制出了一根根细丝。他对这一发明并不满足，他认为人造丝的原料应该是广泛的，否则就无法普及。他又进行了一系列的研制后，发现木材、棉花秆等都可作为制造人造丝的原料。

画龙点睛

将原来的思路、做法等颠倒一下，有时可以得到一种更好的结果，这叫作"倒一倒"思维法，也是一种有效的发明创造的方法。

请你创造

我用一个椭圆画出了一只蟑螂、一只瓢虫。你还能画出什么昆虫呢？

蟑螂

瓢虫

知识链接

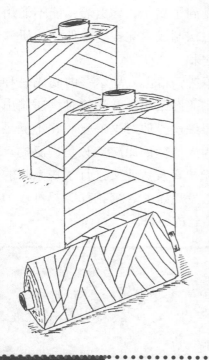

人造丝是一种丝质的人造纤维，由纤维素构成，而纤维素是构成植物主要组成部分的有机化合物。正是由于人造丝是一种纤维素纤维，故其许多性能都与其他纤维素和亚麻纤维的性能相同。人造丝的来源有石油和生物，源自生物的人造丝称为再生纤维。

人造丝光泽明亮，手感稍粗硬，且有湿冷的感觉，用手攥紧后放开，皱纹较多，拉平后仍有纹痕，人造丝拉直易断、破碎。真丝光泽柔和，手感柔软、质地细腻，相互揉搓能发出特殊的音响，用手攥紧后放开，皱痕少且不明显，真丝制品的丝干湿弹力一致。涤纶丝反光性强，刚度较大，回弹迅速，抗皱性能好，结实不易断。

参考答案

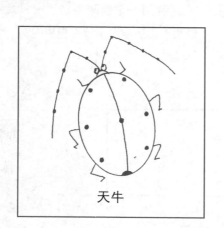

天牛

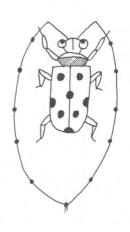

无声手枪

20世纪初期，英国一位发明家叫马克西姆，他工作时需要专心致志，可窗外麻雀叽叽喳喳的吵闹声使他心烦意乱，无法安静。于是，他找来个猎手打麻雀，可猎枪的声音比麻雀的声音更让人讨厌。猎手无可奈何地说："除非你让它在射击时不发出声音。"猎手的话让马克西姆很受启发，他立即动手，经过好些努力后，终于做了一个消音装置。将其套在枪管上，开枪时所发出的枪声轻得像撕破纸片一样。马克西姆成功了。

1921年，美国军方使用了马克西姆的发明，把消音器装在了步枪上，随后又装在手枪上，无声手枪就问世了。

画龙点睛

"加一加"是发明创造的一种思维方法之一。用一样东西加上另一样东西，或许就能创造出新的东西。

请你创造

我用一个圆画出了一只猫、一只狐狸。你还能画出什么动物呢？

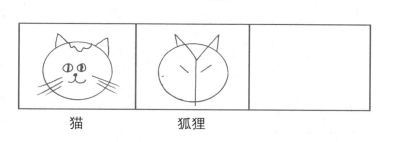

猫　　　狐狸

知识链接

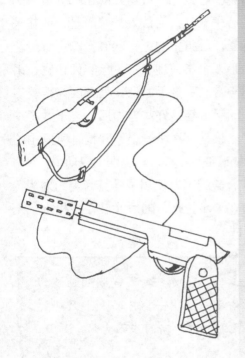

　　无声手枪又叫微声手枪，是一种射击噪声极其微弱的手枪。它"无声"的奥秘在枪管上——枪管外面装有一个附加的消声套筒。各种无声手枪的消声套筒结构并不相同，但消声作用是一样的。最常见的是在消声套筒前半部装有卷紧的消音丝网。当子弹射出后，枪口喷出的高压气体不直接在空气中膨胀，而是进入消音丝网，大部分能量被消声丝网吸收消耗，所剩气体喷出套筒时，压力和速度都已变得很低，所以发出的声音就很微弱了。

　　消声套筒除了有前端的消音装置外，套在枪管上的后半部还开有一些微型排气孔，可导出枪膛内的一部分气体，以减少枪口处的气体压力。再加上无声手枪使用速燃火药，燃烧速度快、过程短，于是在射击时基本上听不到声音。

参考答案

猫头鹰

锰 钢

锰钢在200多年前就有了，可谁也不愿意用它，因为在炼钢中加入锰，钢虽然变硬了，但钢也变脆了。如果钢中锰含量达到3.5%，那就脆得如同玻璃，一碰就碎，这样的钢当然没有人愿意用了。

可偏偏有个年轻的英国冶金学家——海费德，他就想看看钢中掺了锰，究竟会脆到什么程度。他进行着一次又一次的试验，当钢中含锰量达到13%时，奇怪的事情发生了——制成的高锰钢既坚硬又富有韧性，这使锰钢身价倍增，很快被用到了各个领域，成了重要的工业材料。

画龙点睛

"加一加"多好呀，在钢里再多加点锰，就得到了现在这样既坚硬又富有韧性的锰钢。

请你创造

我用两个椭圆画出了一个葫芦、一个钟。你还能画出什么呢？

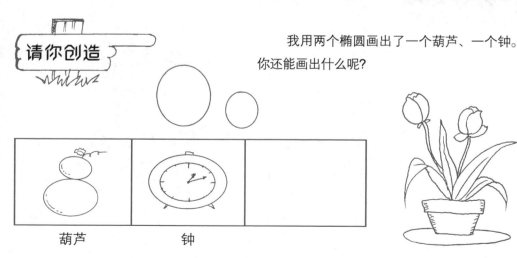

葫芦　　　　钟

知识链接

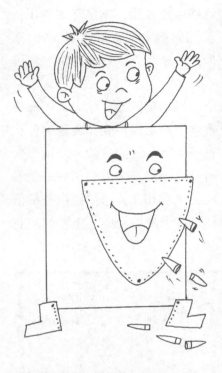

锰钢的脾气十分古怪而有趣：如果在钢中加入 2.5%~3.5% 的锰，那么所制得的低锰钢脆得就像玻璃一样。如果加入 13% 以上的锰，制成高锰钢，这钢就变得既坚硬又富有韧性。高锰钢加热到淡橙色时，还会变得十分柔软，很易进行各种加工。另外，它没有磁性，不会被磁铁所吸引。

当前，人们大量用锰钢制造钢磨、滚珠轴承、推土机与挖土机的铲斗等经常受磨的构件，以及铁轨、桥梁等。

在军事上，人们用高锰钢制造钢盔、坦克钢甲、穿甲弹的弹头等。

由 84% 的钢，12% 的锰和 4% 的镍组成的"锰加镍"合金，它的电阻随湿度的改变很小，常被用来制造精密的电学仪器。

参考答案

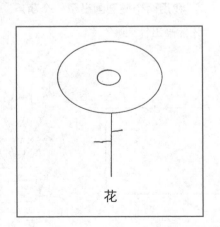

花

蛋卷冰淇淋

美国人汉威是一个在街上卖蛋饼的小商贩。1940年的夏天，美国圣路易斯博览会上，组委会允许商贩在会场外摆摊设点。汉威便把摊摆在了一个卖冰淇淋的旁边。

冰淇淋老板把冰淇淋盛到碟子里卖给顾客。由于天气非常热，很多人来买冰淇淋吃。很快，装冰淇淋的纸碟子就用完了，但仍有很多顾客想要一享冰凉。汉威灵机一动，捧起一叠蛋饼，说："用饼代替碟子装冰淇淋，还可以连饼一起吃掉！"顾客们尝试后都说好吃。汉威受到了启发，几年后他发明了一种机器——大量生产圆锥形蛋卷冰淇淋。

画龙点睛

鲜美的蛋卷冰淇淋原来就是蛋卷加上冰淇淋组成的，并不复杂，可你想到过这类事吗？

请你创造

我用三个圆形画出了一只鸟和一只鸭。你还能创造出什么来呢？

鸟　　　　鸭

知识链接

最早的冰制冷饮起源于中国，那时的帝王们为了消暑，让奴隶们在冬天时把冰块贮存在地窖里，到了夏天再拿出来享用。大约到了唐朝末期，人们在生产火药时开采出大量硝石，发现硝石溶于水时会吸收大量的热，可使水温降到结冰，以此人们可以在夏天制冰了。

以后逐渐出现了做买卖的人，他们把糖加到冰里吸引顾客。到了宋代，市场上冰食的花样多起来了，商人们还在里面加上水果和果汁。元代的商人甚至在其中加上果浆和牛奶，这和现代的冰淇淋已是十分相似了。

制造冰淇淋的方法直到13世纪，才被意大利的旅行家马可波罗带到意大利。后来意大利有一个叫夏尔信的人，在马可波罗带回的配方中加入了橘子汁、柠檬汁等，制作出了被称为"夏尔信"饮料。

参考答案

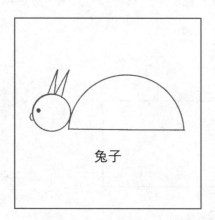

兔子

造纸术

　　造纸术是中国四大发明之一，纸是中国古代劳动人民长期经验的积累和智慧的结晶，它是人类文明史上的一项杰出的发明创造。

　　在东汉时期，书写是用竹片和絮纸。竹片笨重得要命，而絮纸是用劣质茧丝捣成絮做的，虽轻且坚韧，但价格极贵，很难普及。公元 105 年，当时掌管皇家絮纸工坊的太监蔡伦，思考着能不能用更简便的材料来造纸呢？他总结了前人的经验，用大麻杆、树皮和烂布等做原料，发明了植物纤维纸。因为这种纸特别便宜，就使得文字的普及成为可能。

画龙点睛

　　替代思维，是发明创造的一种方法。事物间总有某些属性相同的地方，找到合适的替代，说不定就是一个新的创造。

请你创造

我用圆、半圆、长方形画出了一只蜻蜓和一只鸡。你还能画出什么呢？

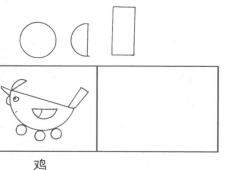

蜻蜓　　　　　　鸡

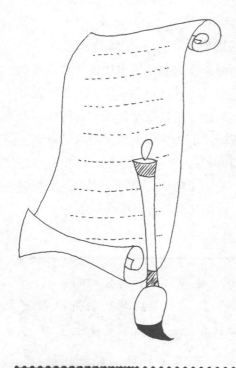

远古以来，中国劳动人民就已经懂得养蚕、缫丝。秦汉之际以次茧作丝绵的手工业十分普及。这种处理次茧的方法称为漂絮法，操作时的基本要点包括，反复捶打，以捣碎蚕衣。这种技术后来发展为造纸过程中的打浆。此外，中国古代常用碳水或草木灰水为丝麻脱胶，这种技术也给造纸中植物纤维脱胶以启示。纸张就是借这些技术发展起来的。

唐朝时候，人们利用竹子为原料制成竹纸，这标志着造纸技术取得了重大突破。竹子的纤维硬、脆、易断，技术处理比较困难，用竹子造纸的成功，表明了中国古代的造纸技术已经达到了相当成熟的程度。

从唐代到清代，中国生产的用纸，除了一般的纸张外，还有各种彩色的腊笺、错金等名贵纸，以及各种宣纸、壁纸、花纸等，使纸张成为人们文化生活和日常生活的必需品。

参考答案

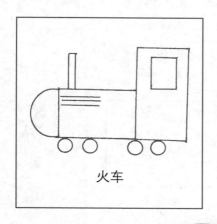

火车

高射炮

1870年普法战争暴发，普鲁士的军队包围了法国首都巴黎，巴黎危在旦夕。法国内政部长甘必大决定亲自乘坐气球去找外援，气球成功地飞越普军上空，到达200千米外的都尔城。甘必大在都尔城组织反击军团，并经常用气球与巴黎保持联系。普军中一个武器专家心里一动，将一门火炮竖立起来装在四轮车上，制成一种新武器，将法军的气球全部击落，这就是高射炮的前身，当时被称为"气球炮"。飞机问世后，经过改进的高射炮便以打飞机为主了。

画龙点睛

固定的思维习惯不可能产生新的发明创造设想，因为发明创造本身常常需要反常规的思考。

请你创造

我用一个奇怪的图形和三角形，变出了两只形态不同的鸟。你还能变出什么形态的鸟呢？

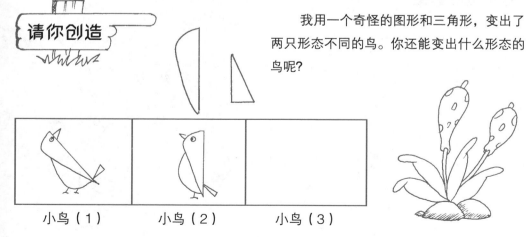

小鸟（1）	小鸟（2）	小鸟（3）

知识链接

1906年，德国爱哈尔特军火公司，根据飞机和飞艇的特点，改进了原来的气球炮装置，制成专门用来射击飞机和飞艇的火炮。这标志着世界上第一门高射炮正式问世。设计师将大炮装在汽车上，并采用了与现代舰炮相似的防护装甲。两年之后，德国又制成一种性能更优越的高射炮，最大射程可达5 200米，而且高低射界和方向射界也都相应扩大了。

第二次世界大战时期，飞机速度比原来提高了1倍，飞机的飞行高度普遍达到8~10千米。不过，高射炮也不示弱，中口径高射炮的射高已可达到10千米以上。高射炮配备了先进的射击瞄准装置，提高了命中率，大部分高射炮还都采用了自动化程度非常高的火控系统。现在，导弹和高射炮合一的防空武器系统在未来的战争中将发挥巨大的威力。

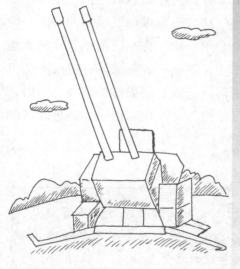

参考答案

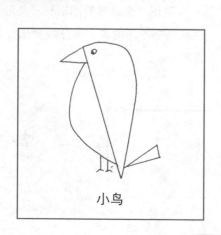

小鸟

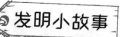

微型·小说

美国一家文学刊物为了在刊物中插入更多的广告而把一名作家的小说用广告间隔成了5段。作家的妻子挖苦着说："你不成了5篇小说的作者了吗！"作家一听，突然来了灵感，连夜写出5篇极短小说，欲用此来表达对出版商的不满。

第二天清早，作家就把极短小说送了过去。没曾想，出版商很快来电说："请你再送20篇来！"很快，这种意在摆脱广告干扰的文学体裁风靡欧美的各大报纸、期刊，人们称其为"微型小说"。

画龙点睛　　转换思维也是发明创造常用的方法之一。对同一件事情，如果经常转换一种方式或转换一种角度去解决问题，其结果就大不一样。

请你创造

我用两个图形画出了两只不同形态的鹤来。你还能画出其他不同形态的鹤吗？

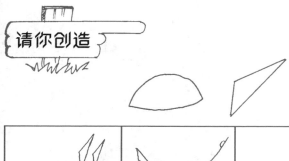

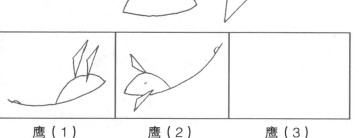

鹰（1）　　　鹰（2）　　　鹰（3）

微型小说，又叫小小说、袖珍小说、一分钟小说、百字小说，字数一般在千字以内。

微型小说在写作上追求的特点可用四个字概括：微、新、密、奇。微，指的是篇幅微小，字数不超过一千字。微型小说的构思和行文必须注意字句的凝练，不允许作品中出现赘词冗句。新，指的是立意新颖，风格清新。密，指的是结构严密。微型小说在结构上，应力求时间、场所、人物尽可能地压缩、集中，使作品结构简练、精巧，因此，特别要在选材、剪裁和布局上下功夫。奇，指的是结尾要新奇巧妙，出人意料。中外的许多优秀微型小说作品就常在结尾处使人拍案叫绝。

参考答案

鹤

发明小故事

青霉素

第一次世界大战期间，英国的随军医生弗莱明看见许多伤员因伤口感染化脓被截肢或死去，他暗下决心，要找到一种能消除感染的药物。大战结束后，弗莱明并没有忘记自己的想法，他做着各种尝试。一次，弗莱明忘了给一个玻璃器皿加盖，第二天早晨他看到这个玻璃器皿边缘有一层青灰色的霉菌，他把它们拿到显微镜下观察，发现青灰菌中及其周围地方的葡萄球菌都被杀死了。弗莱明终于找到了——他发现的青霉素是人类首次发现的抗生素。他因此而获得了诺贝尔医学奖。

画龙点睛

　　"一物降一物"，这是医药发明中常用的思维方法。有了这样的想法，再加上不懈的努力，我们的医药业一定会取得更多的成功。

请你创造

我用这个半圆可以画出不同形态的两只鸡。你还能画出什么形态的鸡呢？

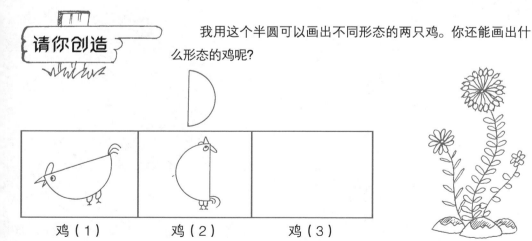

鸡（1）　　　鸡（2）　　　鸡（3）

青霉素，又被称为盘尼西林。是指分子中含有青霉烷，能破坏细菌的细胞壁并在细菌细胞的繁殖期起杀菌作用的一类抗生素。

青霉素的研制成功大大增强了人类抵抗细菌性感染的能力，带动了抗生素家族的诞生——链霉素、氯霉素、土霉素、四环素等抗生素不断产生，增强了人类治疗传染性疾病的能力。不过一些后继开发的抗生素由于毒性大，现在基本上已停用。

由于青霉素类抗生素中的 β−内酰胺类主要作用于细菌的细胞壁，而人类只有细胞膜无细胞壁，故对人类的毒性较小。除可能引起严重的过敏反应外，在一般用量下，青霉素类抗生素的毒性不甚明显。

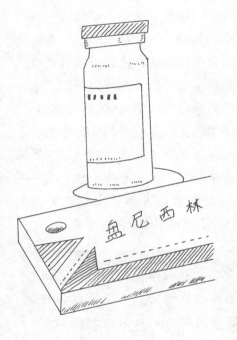

盘尼西林

参考答案

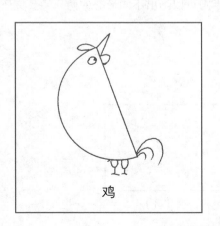

鸡

滴滴涕

以毒攻毒

1935 年，在瑞士盖吉公司从事染料制作的化学家米勒，接到妹妹从乡下写来的信，信中说家乡虫害很严重，什么药也治不了。米勒小时候曾听人们讲过中国人用"以毒攻毒"的方法对付病害。他以这个思想为基础，尝试着研制能毒死害虫而对植物却无害的药物。经过四年努力，米勒制出了第一瓶DDT，经试验，杀虫效果极好，其而且效力持久。

1943 年，意大利那不勒斯出现了虱传斑疹伤寒，引起人们的恐慌，但DDT创造了使斑疹伤寒流行得到控制的奇迹。米勒也因此获得了1948 年诺贝尔生理学或医学奖。

画龙点睛

发明创造的目的是为了排忧解难，由此来构思创造新事物，这也是一条可行的发明创造之路。

请你创造

我用这个圆和三角形画出了两只不同的鸟来。你还能画出什么不同形态的鸟呢？

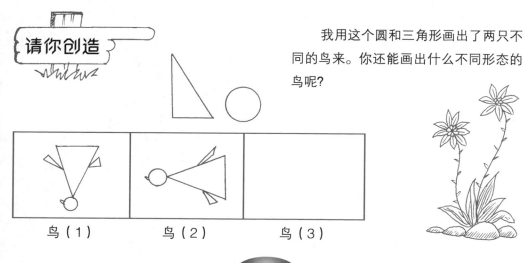

鸟（1）　　　鸟（2）　　　鸟（3）

滴滴涕，是一种杀虫剂，也是一种农药，为白色晶体，无味无臭，不溶于水，溶于煤油。滴滴涕的化学名为双对氯苯基三氯乙烷，中文名称是从其英文名缩写 DDT 音译而来。

第二次世界大战和战后时期，世界很多地方传染病流行，DDT 的使用令疟疾蚊、苍蝇和虱子得到有效的控制，并使疟疾、伤寒和霍乱等疾病的发病率急剧下降。1948 年，由于 DDT 在第二次世界大战中做出巨大贡献，其发明者米勒获诺贝尔生理学或医学奖。

由于 DDT 以及主要代谢产物 DDE 具有较高的亲脂性，因此容易在动物脂肪中积累，造成长期毒性。此外，DDT 还具有潜在的基因毒性、内分泌干扰作用和致癌性，故很多国家和地区已禁止使用。

参考答案

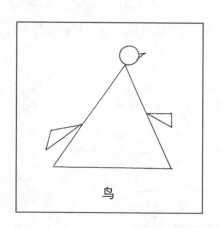

鸟

温度计

意大利著名科学家伽利略曾在威尼斯的帕多瓦大学任教。一次，他在和该校一位解剖学医生的交谈中了解到，医生对病人的发烧程度不容易做出准确判断。他心里想："要是能发明一种能测量人的体温的东西该多好呀！"伽利略为自己的这一想法展开了很多的研究和尝试，但均告失败。一天，在实验课上，他边做示范边提问学生："当水温升高特别是沸腾时，水为什么会在容器内上升？"学生回答："因为水加热后，体积会膨胀，就会在容器内上升"。这一问一答，启发了伽利略，他最终根据热胀冷缩的原理发明了温度计。

画龙点睛　　创造性思维就是以不同于常人的方式看同样的事情，这样你就可能会取得成功。

请你创造

我用这两个图形画出了两只不同形态的鹤。你还能画出什么形态的鹤呢？

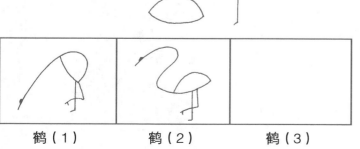

鹤（1）　　鹤（2）　　鹤（3）

1714年，德国的玻璃吹制工人华伦海特，把氯化铵和冰水的混合液温度记为零度，把冰水定为三十二度，水的沸点定为二百一十二度。人们把这种温度计称作华氏温度计，华氏温度计主要在少数英、美国家使用。

目前，世界上广泛使用的是摄氏温度计。这种温度计的命名是取自瑞典科学家摄修西斯的中国译名的第一个字。1742年，摄修西斯把水结冰时的温度定为零度，水煮沸时的温度定为一百度，中间划一百个等份，每一份为一度。他还把细玻璃管改得更细，管内注入水银，以显示温差。

摄氏温度计不仅携带方便，而且测试的温度也相当准确。

参考答案

鹤

头 盔

1914 年，第一次世界大战的炮火弥漫欧洲，机枪和火炮的发展使战斗愈加残酷，法国和德国在交战时，双方将士的伤亡都很惨重。

一天，一名法国士兵正在厨房里值勤，突然德军的炮弹袭来，顿时硝烟弥漫，弹片横飞。这名士兵为了保护头部，情急之中把一口锅扣在头上，结果还真有效，空中乱飞的弹片碰上铁锅纷纷弹落，铁锅救了这名战士的命。事后，法国亚得里安将军听说了这件事，很受启发，他想："如果战场上人人都有一顶铁帽子，不就可以大大减少伤亡吗？"很快，世界上第一代头盔就诞生了。

画龙点睛

替代思维的应用空间十分广阔，如人工的替代天然的，塑料的替代钢材的，当然，头盔或许也可以替代铁锅呢。

请你创造

我用这一大一小的圆画出了两只不同形态的小鸡。你还能画出什么不同形态的小鸡呢？

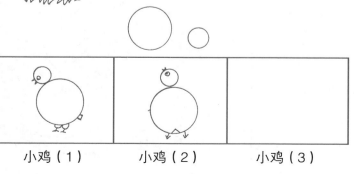

| 小鸡（1） | 小鸡（2） | 小鸡（3） |

知识链接

头盔的发明，可以追溯到远古时代。原始人为追捕野兽和格斗，用椰子壳等纤维质以及大乌龟壳来保护自己的头部。后来，随着冶金技术的发展和战争的需要，人们又发明了金属头盔。国外最早的金属头盔是公元前800年左右制造的青铜盔。我国安阳殷墟发掘的铜盔是现在所知世界上最早的金属头盔了。

第一次世界大战中，法国的亚得里安将军研制出了能防炮弹片的"亚得里安"头盔。第二次世界大战中，美国又研制出"M1"等锰钢头盔。20世纪70年代，美国杜邦公司研制出了高强度纤维将其并用于单兵防护领域后，头盔的发展有了新的突破。从目前世界主要国家陆军头盔使用的材料看，主要有凯夫拉头盔、尼龙头盔、超高分子聚乙烯头盔和钢盔。

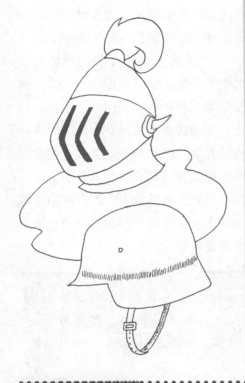

参考答案

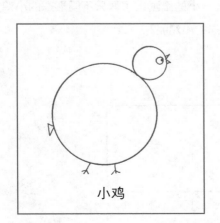

小鸡

小提琴

一天傍晚，古埃及音乐家迈克雷吃过晚饭，到尼罗河边去散步。他边走边欣赏夕阳辉映的尼罗河畔风景，突然，他仿佛听到了悦耳动听的音乐，于是赶紧停下脚步，想听个仔细，可声音也戛然而止了。他蹲下来，去寻找声音的源头。原来是他的脚踢到了一只干乌龟壳，这"音乐"不过是乌龟壳被脚触动后发出的共鸣声。迈克雷想，既然干乌龟壳被触动之后能发出好听的声音，那仿照它做一种乐器不是可以奏出更动听的音乐吗？于是，他马上着手研制，经过几个月的反复摸索、改进，终于用木头制成了一种四弦乐器——小提琴。

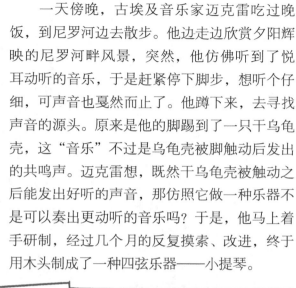

画龙点睛　　当遇到异常特殊的事情，应当引起注意并多加分析研究，看看有没有可能发现和创造出新的事物来。

请你创造

我用这三个图形画出了两只不同形态的狐狸。你还能画出不同形态的狐狸来吗？

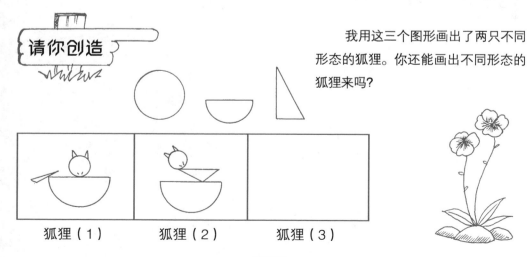

狐狸（1）　　　狐狸（2）　　　狐狸（3）

小提琴的发明，极大地推动了音乐艺术的发展，人们十分喜欢听用这种四弦乐器演奏的乐曲。后来随着艺术的发展和人们欣赏能力的不断提高，人们对音乐和乐器的要求也越来越高。不断有人对四弦乐器进行改进，不过都没有什么大的改变。后来意大利人对四弦乐器进行了较大的改良，才制成了如今这种模样的小提琴。

小提琴伴随历代艺术大师渡过了一个又一个世纪。各国的能工巧匠将它改来改去，但万变不离其宗。至今，小提琴的共鸣箱仍然是一个"大乌龟壳"。小提琴的表现力非常丰富，既能演奏非常抒情、甜美、委婉、动听的旋律，又能奏出热情、活泼、欢快有力的音乐，受到人们的欢迎。

参考答案

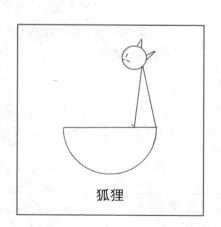

狐狸

凡士林

1859 年，美国纽约市布鲁克林区的 20 岁的药剂师切斯博罗到宾州新发现的油田去参观。他到了那里听说石油工人对抽油杆上所结的杆蜡十分讨厌，但据说这种东西对灼伤和割伤有止痛的治疗之效。他好奇心起，收集了一些杆蜡标本，带回家去。那个时候，大部分药膏日久便会腐坏，他猜想，如果从杆蜡中提炼出不会腐败变臭的油膏，那将会成为被大量需求的产品。后来，他花了 11 年的时间，终于在 1870 年提炼出了这种新油膏，并取名为"凡士林"。

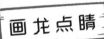

画龙点睛　　每个人的创造机遇都是一样的，但决定的因素还是要看发明者捕捉机遇的才能。

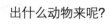

请你创造　　我用圆、半圆和三角形画出了一只猫、一只鸟。你还能画出什么动物来呢？

猫	鸟

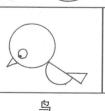

知识链接

目前,凡士林在众多领域里发挥着作用。涂敷在皮肤上可以让皮肤湿润,而且可以让伤口的皮肤组织保持在最佳的状态上,加速皮肤自身的修复。凡士林并没有杀菌能力,它只是用于阻拦来自空气中的细菌和皮肤接触,从而降低了感染的可能性。

凡士林属于一种矿物蜡,可以让肌肤表面形成一道保护膜,能够让皮肤的水分不易被蒸发散失掉,而且它长久地附着在皮肤上,具有不错的保温效果,特别适用于干燥肌肤的使用,在除疤方面效果也比较明显。凡士林没有刺激性,不容易变质,不会造成人体敏感,特别适用于一些易酒精过敏的人,因此凡士林在美容方面也被广泛使用。

参考答案

松鼠

碘

19世纪初，正值拿破仑发动战争时期，需要大量的硝酸钾来制造火药。那个时候，人们将漂浮在海岸边的绿色海藻收集起来，在海滩上晒干，烧成灰，再用水浸，提取硝酸钾。一天，法国药剂师库尔特瓦正在家中做实验。一只小猫撞倒了分别装有海草灰和溶有铁的硫酸溶液的两个药剂瓶，器皿被打破后两种物质混到了一起，变成了紫色的颗粒晶体。

库尔特瓦被这种奇异的现象深深地吸引住了。他夜以继日地工作，做了大量实验，终于弄明白这种紫色物质原来是一种新的化学元素。后来，人们把它命名为"碘"，它的希腊文原意就是"紫色"。

画龙点睛　　发现奇怪的事件，不要让它轻易从你身边滑过去，若对其加以研究、分析，就可能使之成为一项有实用价值的发明。

请你创造　　我用长方形、圆形、三角形画出了不同姿态的人。你还能画出别的不同的人的姿态吗？

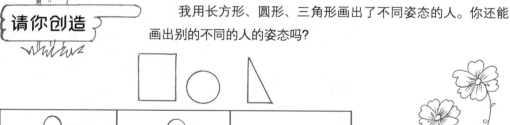

人（1）　　　人（2）　　　人（3）

知识链接

　　碘是人体中不可缺少的微量元素之一，如果碘长期摄入不足的话，人体内的甲状腺素合成就会受阻，血液中甲状腺素浓度下降，这时通过中枢神经系统的作用，就会使脑垂体分泌更多的甲状腺激素，促进甲状腺细胞增生和肥大，从而引起颈部隆起，俗称"大脖子病"。食物中如果缺乏碘的话，可致单纯甲状腺肿大，孕妇如果缺碘的话，她的宝宝就可发生呆小病、智力迟钝或生长迟缓。碘具有调节人体热能代谢及蛋白质脂肪、碳水化合物的分解合成的作用，并能有效促进生长发育，促进毛发、皮肤、指甲、牙齿的健康。

参考答案

人

糖 精

1879 年的一天，在美国巴尔的摩大学实验室工作的俄国化学法利德别尔格，从实验室回到家，没有洗手就坐下吃饭。他发现所吃的马铃薯特别的甜，可妻子和儿子都说不甜，他随即从儿子手里接过一块来一尝，马铃薯又变甜了。这是怎么回事呢？他突然想起今天吃饭前没洗手，一舔手指，果然苦中带甜。他一口气跑回实验室，小心翼翼地把当天实验中用过的药品尝了一遍，结果发现一种白色结晶体有甜味。于是，他放弃了对染料的研究，开始专心致志研究起这种奇妙的白色晶体，最终发明出了糖精。

画龙点睛

对于一个新的现象，如果能够自觉地加以重视和进行创造思考，并加以探讨，你往往就会得到新的发现。

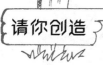

请你创造

我用一个正方形画出了狗和牛的脸。你还能画出什么动物的脸呢？

狗　　　　　　　牛

我可甜了！

糖精，一种不含有热量的甜味剂，由邻磺酸基苯甲酸与氨反应制得。它是一种白色结晶性粉末，难溶于水。其甜度为蔗糖的300~500倍，不含热量，吃到嘴里会有轻微的苦味和金属味残留在舌头上。其钠盐易溶于水。

糖精钠一般应用于冷饮、饮料、果冻、冰棍、酱菜类、蜜饯、糕点、凉果、蛋白糖等食品工业。在日化行业中也有使用，如牙膏、漱口水、眼药水。此外，电镀级糖精钠主要是用在提高电镀镍的光亮度和柔软性。猪饲料、香甜剂等也使用糖精钠。

由于糖精对人体健康有害无益，所以如今国家对糖精已严格控制使用，且主要用于日化等工业用途。

参考答案

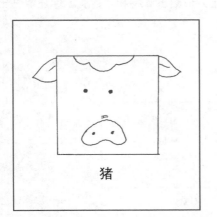

猪

汽　油

西里曼本是个快乐的美国人，他喜欢满世界转悠，后来到一所乡镇学校当教师。有一次，他听别人说附近有一个黑山谷，谷里有一种黑油能治伤口，这引起了他极大的兴趣。他骑马跑到那儿，提回来满满一罐黑油并对其进行分析。1854 年，他分离出一种容易挥发的无色透明液体，他叫它汽油；接下去又分离出煤油和柴油。不过西里曼本也失去了一项重要的发明，那就是罐子里剩下的那些黏糊糊的黄褐色的东西——可以作润滑油的黄油。

画龙点睛　　关注周围的事情，做一个有心的人，你成功的机会就比别人多。

请你创造

我用一个正方形画出了一只熊、一只青蛙。你还能画出什么动物呢？

熊　　　　　青蛙

知识链接

19世纪中期，人们还没有认识到汽油的重要性，当时大量使用的是灯用的煤油。那时的石油炼制只通过简单的蒸馏过程，将石油沸点不同的成分分离出来。煤油的沸点较高，点灯时比较安全，成为原油炼制的主要产品。到了19世纪中后期，汽油内燃机诞生，汽油的重要性与日俱增。1911年，美国标准石油公司解决了汽油收率低的问题，采用威廉姆·伯顿和罗伯特·哈姆福瑞斯发明的热裂化工艺，将重质的瓦斯油加热裂化为轻质的汽油等馏分，从而整体提高了汽油的收率，热裂化工艺在1913年获得了美国专利权。从此，汽油就发挥出它更大的作用。

参考答案

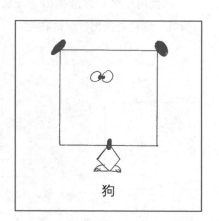

狗

酸碱指示剂

一天清晨，英国著名化学家波义耳将一束紫罗兰拿到实验室里。波义耳热爱工作，也十分喜爱鲜花，因为花香令人心旷神怡，精神振奋。当时助手正在倒盐酸，他忙把花放在桌子上，过去帮忙。不料盐酸溅到了花上，波义耳忙把花放进水杯里。过了一会，奇怪，紫罗兰的颜色变红了。花儿们为什么会变红？波义耳有个习惯，对各种奇怪的现象总要弄个水落石出。他便开始了实验。经过努力，波义耳发现了一种酸碱指示剂，这是世界上最早的一种指示剂。

画龙点睛

遇上异常的特殊事情，应当引起注意，并加以研究，或许你就有新的发现。

请你创造

我用这些图形画出了一只茶碗。你还能用它们画出什么来呢？

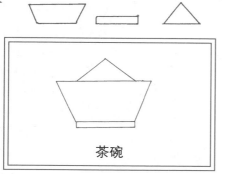

茶碗

偶然的发现，激发了波义耳的探索欲望，紧接着波义耳又采集了药草、牵牛花、苔藓、月季花、树皮和各种植物的根，泡出了多种颜色的不同浸液，有些浸液遇酸变色，有些浸液遇碱变色。有趣的是，他从石蕊苔藓中提取的紫色浸液，酸能使它变红，碱能使它变蓝，这就是最早的石蕊试液，波义耳把这种试液称为示剂。为了使用方便，波义耳用一些浸液把纸浸透，然后再烘干制成纸片，使用时只要将小纸片放入被检测的溶液，不一会儿是酸性还是碱性就一目了然。

今天，我们使用的石蕊试纸、酚酞试纸、pH试纸，就是根据波义耳的发现原理所制而成的。

参考答案

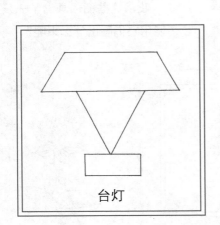

台灯

交通信号灯

19 世纪中叶，当时包括英国在内的部分欧洲国家已经普及了马车，但却没有指导行人与马车通行的信号指示设备，因此无论是在山间小路还是在市中心的繁华大道上，事故常造成交通混乱和拥堵现象。当时在英国中部的约克城，女性的着装不是随心所欲的，红、绿两种颜色分别代表女性的不同身份，其中，着红装的女人表示已经结婚，而着绿装的女人则必须是未婚者。1866 年，当时英国铁路信号灯工程师 J.P·纳伊特从女性红、绿两色的着装上受到了启发，提出了设计带有红、绿两种颜色交通信号灯的想法，并很快付诸实施，最终获得成功。

画龙点睛

生活中的许多现象，虽然大家都习以为常，但如果你细心地观察留意，使有些东西相互利用，就可能会有新的发明出现。

请你创造

我用一大一小的两个椭圆形画出了一只驴。你还能用它们画出什么动物来呢?

驴

知识链接

　　1868 年 12 月 10 日，历史上第一盏交通信号灯出现在英国威斯敏斯特议会大楼前，这个交通信号灯高约 7 米，在它的顶端悬挂着红、绿两色可旋转的煤气提灯，为了将红、绿两色的提灯进行切换，在这盏灯下必须要站一名手持长杆的警察，通过皮带拉拽提灯进行颜色的转换。后来，还在这盏信号灯中间加装了红、绿两色的灯罩，前面有红、绿两块玻璃交替进行遮挡，白天不点亮煤气灯，仅以红、绿灯罩的切换引导人们前进或停止，夜晚则将煤气灯点燃，照亮红、绿两色灯罩。随后，交通信号灯不断改进，1920 年，美国便出现了提醒人们注意信号灯切换的黄色信号灯。1958 年，第一块集成电路板诞生，交通信号灯实现了完全自动化。

参考答案

鹅

方便面

20世纪50年代，有个叫安藤百福的日本人，他每天上下班都要经过火车站，每次经过火车站时，总会看到路旁的面摊排着长长的队伍。即使在冬天，人们为了吃到一碗汤面，也不惜冻上几个小时。他想：能不能制造出一种比面摊卖的更便宜、更方便的面条呢？安藤百福有了尝试的念头。他搭起简易工棚，买了轧面机。为了使面条滋味更加鲜美，他用咸肉汤和面，但轧不成条。几次失败后，他想出一个主意，把面条用油炸熟，再配包调料装在一起出售——这就是世界上最早的方便面。因为打开袋子就可以食用，所以这种面很快就畅销起来。

画龙点睛　　关注周围的事情，做一个有心的人，你成功的机会就比别人多。

请你创造　　我用这四个不同的图形画出了一架飞机。你用它们还能画出什么呢？

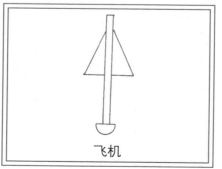

飞机

知识链接

1966年，安藤百福在美国的一次旅行中，又获得了开发杯装方便面的灵感——当时，他拿着方便面去洛杉矶一家超市，试图让采购人员品尝一下。可美国人不会使用筷子，只得将方便面放入纸杯，注入开水后再用叉子食用。此情此景让安藤百福眼前一亮，随即有了开发杯面的想法。20世纪70年代，杯面的诞生使方便面从美国开始风靡全世界，并被美国人誉为20世纪最伟大的发明之一。

今天，方便面不仅仅是速食这么简单，在世界范围内，方便面在各种灾难救援中发挥着解决食物不足的重要作用。在食品安全问题上，许多方便面企业已开始致力于减盐、减油产品的研发，以期通过技术革新，满足人们对健康、营养的更高需求。

参考答案

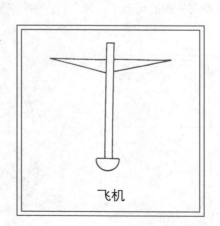

飞机

牙 刷

在人类还没有发明牙刷以前，许多人是不刷牙的，贵族们刷牙则是用碎布擦洗牙齿。美国第一届总统乔治·华盛顿也同样用碎布擦洗牙齿。

18世纪80年代，英国新盖特监狱一名叫威廉·艾迪斯的囚犯，在牢房里没事，一天突发奇想打算做一把刷牙的工具。于是，他找来了一根骨头，然后在上面钻了一个小孔，又找来几根鬃毛把它们切断后，绑成小簇，嵌到骨头的小孔中去，这样，第一把牙刷便在监狱里诞生了。

画龙点睛

发明创造不分等级，人人都可以去做。只要你是有心人，就一定会有所创造。

请你创造

我用这三个三角形能画出一个"山"字。你还能用它们画出什么字呢？

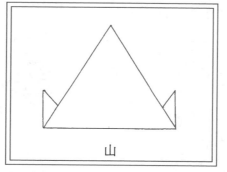
山

知识链接

其实，人类的祖先早就有刷牙、漱口的习惯，在公元前3000年就已经有了清理口腔的工具——牙棒。古希腊和罗马时代的人们用动物骨灰做的牙粉来清理口腔，有些原始部落用木炭、盐水、细砂、树枝来清理牙齿。中国人在2000多年前就懂得保护牙齿的重要性。

19世纪30年代，杜邦公司开始创造合成纤维，使得用尼龙做刷毛的新一代牙刷诞生，牙刷这时候才逐渐普及到寻常百姓家。19世纪末期，麻省的福洛伦斯制造公司用改良技术大批生产廉价牙刷，使美国由牙刷进口国变为牙刷制造国并开始参与牙刷新产品的国际市场竞争。随着科学技术的不断发展，工艺装备的不断改进完善，如今已出现了保健牙刷、转头牙刷、电动牙刷、超声波牙刷等更多先进的产品。

参考答案

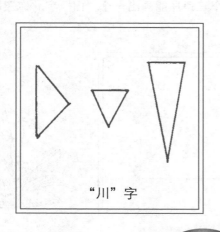

"川"字

牛仔裤

1849 年，美国西部出现了淘金热。当时第一批踏上美国大陆的移民，他们大多都可以说是一穷二白，于是不得不拼命地工作。25 岁的德国人李维·斯特劳斯也去淘金了。当他看到淘金者有成千上万人时，就做起了淘金者的生意——开起了销售日用品的商店，还卖帐篷和做车篷的帆布。一次，他无意中听一位工人说："矿工穿的短裤如果用结实耐磨的帆布做，一定受欢迎。"他眼睛一亮，便用帆布缝了一批短裤，果然畅销。于是他就开了一家服装工厂，专门生产这种帆布裤子，赚了不少钱。这种帆布裤子就是后来大名鼎鼎的牛仔裤。

画龙点睛

人们不断有新的需要，因此可发明创造的项目也越来越多。需求永远是发明创造之母。

请你创造

我用这两个图形画出了一个提包。你还能用它们画出什么呢?

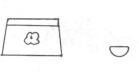

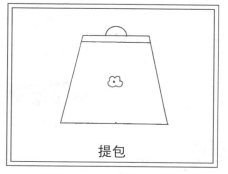

提包

知识链接

19世纪30年代中期，在美国中西部农业地带几乎人人都穿的牛仔裤，第一次被带到密西西比河以东的繁华都市，从此牛仔裤开始步入流行服装的行列。

1925年，英国推出世界上第一条"拉链牛仔裤"。20世纪40年代，作为军需品，牛仔裤在战场上充分发挥了其结实耐磨的优良特性。20世纪50年代，有人将女装牛仔裤拉链从侧身改至中间，在社会上引起很大反响和争议。20世纪60年代以后，牛仔裤不只单纯为了美，更为彰显个性，表达有些颓废的自我。牛仔裤文化逐渐融入主流，贵族与社会名流不再对其有阶层的偏见。

20世纪70年代末，牛仔裤传入中国，成为引人注目的焦点。20世纪80年代，牛仔裤被故意撕破，裂口、破洞、毛边成为最流行的标志。随着时代发展，重视环保、价值反思使牛仔裤趋向纯正朴实。

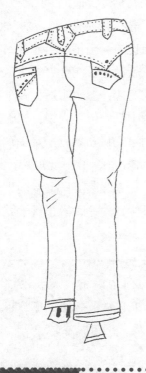

参考答案

茶杯

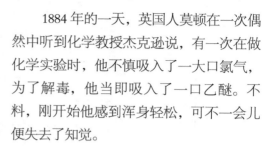

乙醚麻醉剂

1884 年的一天，英国人莫顿在一次偶然中听到化学教授杰克逊说，有一次在做化学实验时，他不慎吸入了一大口氯气，为了解毒，他当即吸入了一口乙醚。不料，刚开始他感到浑身轻松，可不一会儿便失去了知觉。

听了教授的叙说，莫顿感到十分有趣，他大胆设想——能否用乙醚来作为麻醉剂呢？他随后在动物身上试验，又在自己身上试验，结果证明乙醚的确是一种理想的麻醉剂。要知道，莫顿当时只是一名医学院二年级的学生。

画龙点睛

先假设过程，再通过各种假设去把它完善，这样也可能取得发明成功。

我用这三个图形拼出了一个"哑铃"。你能用它们拼出什么呢？

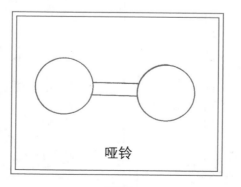

哑铃

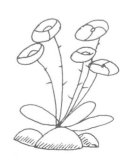

乙醚是人们最早使用的麻醉药之一，主要用于手术的麻醉。乙醚本身是一种无色透明的液体，有特殊刺激气味，带甜味，极易挥发。

乙醚麻醉药的工作原理和一般药物并无两样，它们作用于神经细胞上某些特殊的蛋白质，或激活某些分子，或阻断它们的活动。科学家最先注意到的是一种存在于神经细胞表面的蛋白质，它们的作用是对神经细胞发出的化学信号做出反应，这些蛋白质被认为是神经传递素的受体。在这些蛋白质中，有一些负责接受大脑信号的化学物质，包括谷氨酸盐、甘氨酸和伽马氨基丁酸，它们控制离子流入神经细胞，所以尤其引人关注。由于乙醚具有低毒的特点，临床上一般采用复合麻醉的方法加以克服。

参考答案

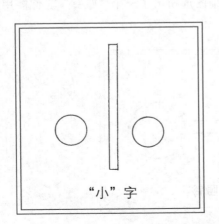

"小"字

126

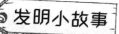

晶体管

美国贝尔实验室的三位科学家巴丁、布拉顿和肖克利在研究半导体材料时发现，这种材料的物理性能可以起到电子管的作用，而且用它做成电子器件不但成本低，体积还能缩小。为此，他们不停地探索、实验，终于在1947年12月23日发明了半导体晶体管。三人因此获得了1956年的诺贝尔物理学奖。晶体管的问世，是20世纪的一项重大发明，是微电子革命的先声。

画龙点睛　　在发明创造中光靠积累知识是不够的，还得恰当地运用知识。

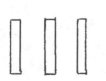
请你创造

我用这三个长方形拼出了一把椅子。你能用它们拼出什么呢？

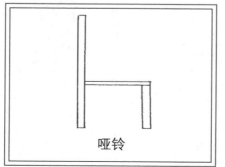
哑铃

　　晶体管，泛指一切以半导体材料为基础的单一元件，如二极管、场效应管等。

　　晶体管具有整流、检波、放大、稳压、开关等多种功能，有响应速度快、精度高等特点，是规范化操作手机、平板电脑等现代电子电路的基本构建模块，目前已有着广泛的应用。

　　晶体管有许多种类，因此也具有多种不同的分类方式。晶体管根据使用材料的不同，可分为硅材料晶体管和锗材料晶体管；根据极性的不同可分为 NPN 型晶体管和 PNP型晶体管；根据结构和制造工艺的不同，可分为扩散型晶体管、合金型晶体管和平面型晶体管。

参考答案

长凳

火 车

出生于英国的史蒂文森，是一位煤矿技师，只有小学文化。1769 年，英国的瓦特发明了蒸汽机以后，人们想把它放到实用的地方去发挥更大的作用，就开始设计火车，但许多设计方案都宣告失败。

1812 年，史蒂文森在博览会上看到特里西克没有发明成功的机车，茅塞顿开，他添加了减震弹簧，在轨道的枕木下铺上了小石头，将蒸汽引进烟筒，促使气流更好循环、煤火燃烧更旺，从而使牵引力猛增。1814 年，史蒂文森的第二辆蒸汽火车在达林顿矿区试车成功。这一次试车，意义非同小可，它宣告了新一代文明的来临。

画龙点睛

　　找出事物的缺点，并一一进行改进，这也是一条创造发明之路。

请你创造

我会用这个三角形和半圆形画出一盏灯。你能用它们画出什么来呢？

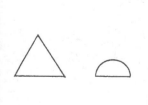

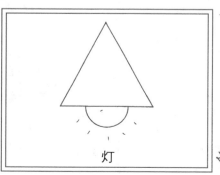

灯

知识链接

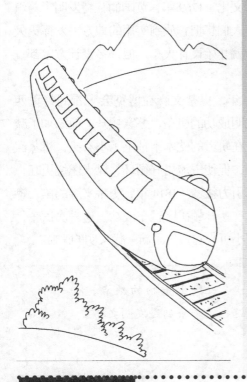

早期的蒸汽机车，外形各种各样：有的像个压路机，有的与四轮马车相似，有的和原始的汽车类同……这些机车的运载能力都还不大，跑得也比马车快不了多少。由于它们都是用煤炭或木材做燃料，行驶时锅炉里的火焰熊熊，烟气冲天，所以人们习惯上把它们称作"火车"。它们虽然"吃"的是"粗粮"——煤，但力气很大，而且煤的成本较低、来源丰富，因而蒸汽机被一直使用了很长时间。

1941年，出现了以柴油为燃料的新型燃油机车。很快，在1960年以后，出现了电气化火车。电气化火车重量轻、速度快、污染少、噪声小，成为主流火车。现在人们仍在不断地研发高速列车，并已取得了瞩目的成就。

参考答案

图钉

肥 皂

很久以前，一天，古埃及国王大摆宴席招待客人。散席后，厨师们忙着收拾餐具。有人不留心碰翻了灶旁的一盒食油，油洒在灭了火的木炭上。有个厨师担心引起火灾，忙把油乎乎的木炭拿到外面去。说也奇怪，当他洗手时，发现带油的手非常光滑，洗得比过去干净许多。他把这事告诉了同伴，于是大家如法炮制地试了试，感到奇妙极了。后来，他们就把灶里烧完了的木炭留出一些，浇上点油，等干完活后再用它洗手。后来国王知道了，也叫其他人这么做，并把它捏成圆棒状，拿起来更方便，供宫里人洗手。这就是最早的肥皂了。

画龙点睛　　不要忽视那些人们已经习以为常的现象，多角度思考和研究，往往能有新的发现。

请你创造

我能用这两个图形拼出一个跷跷板。你能用它们拼出什么来呢？

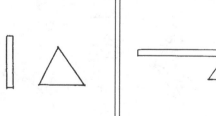

跷跷板

知识链接

　　公元2世纪，高卢人流传下来的肥皂制造工艺有了很大程度的发展。人们将山毛榉烧成木灰，再与山羊的脂肪混在一起，熬制成一种膏状物，这即为当时的肥皂。肥皂不仅仅用来洗手，也洗别的东西：衣服、餐具、头发……随着肥皂的广泛应用，肥皂生产如雨后春笋般应运而生。法国的马塞，意大利的萨沃纳等地，建立了很多大大小小的肥皂作坊。他们生产的肥皂还向别的国家销售。俄罗斯在国王彼得大帝当政时才进口肥皂。在沙皇时代，只有皇宫里的人和贵族才有使用权，严禁农奴用肥皂。直到1791年，法国的化学家路布兰发明了制碱方法，木炭混油洗手的秘密才被揭开。他说，把油和碱混合在一起，生成的化合物就是肥皂。现在人们在肥皂中加进香料、药物，使肥皂的用途更加宽广。

参考答案

路牌

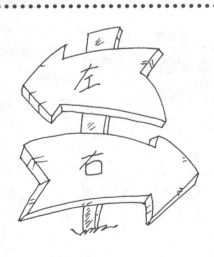

左

右

自行车

　　1790 年，有个法国人名叫西夫拉克。有一天，他行走在巴黎的一条街道上，因为前一天下过雨，路上积了许多雨水，很不好走。突然，一辆四轮马车从他身后滚滚而来，马车很宽，路比较窄，幸而西夫拉克躲得快才没有被马车撞倒，但还是被溅了一身泥巴和水。马车走远了，他却在想，行人这么多，路又这么窄，可不可以把马车改一改呢？他立马回家设计。1791 年，第一架代步的"自行车"造出来了。不过，这辆车是用木材做的，没有脚蹬，没有车把，没有车闸，也没有链条，人骑在上面，双脚交替蹬地前进。这辆自行车不但不能"自行"，而且由于没有车把，要拐弯就必须停下来，调一下方向，再继续前进。这一发明总归是现代自行车的"祖先"，在当时已经很了不起了！

画龙点睛　　善于观察、思索，并积极调动和挖掘自己的潜力就有可能在发明创造中获得成功。

请你创造

我能用这两个图形拼出一把伞。你能用它们拼出什么呢？

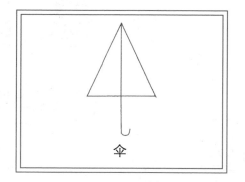

伞

1817年，德国人德莱斯在法国巴黎发明了带车把的木制两轮自行车。这种自行车虽然仍旧用脚蹬地才能前行，但是可以一边前行一边改变方向，它一问世便引起人们的极大兴趣。随后，自行车的技术、性能不断得到改进。1839年，英国人麦克米伦发明了蹬踏式脚蹬驱动自行车，骑车时两足不用蹬地，提高了行驶速度。1869年诞生了雷诺型自行车，车架改由多管制作，车轮也改为钢圈和辐条，采用实心轮胎，使自行车更加轻便。1886年，英国的机械工程师斯塔利设计出新的自行车样式，装上了前叉和后闸，前后轮大小相同，并还首次使用了橡胶车轮。1887年，英国人劳森完成了链条驱动自行车的设计。同年，英国人邓禄普研制了充气轮胎。从此，自行车技术也完成了向商业化的转化，自行车开始被批量生产并投入市场。

参考答案

帽子

134

魔 方

1974 年，匈牙利建筑师鲁比克在给学生讲授立体概念时，发生了困难，学生听不懂。他想，应该有一种帮助学生理解立体结构的教具。经过好几周的努力，鲁比克终于解决了他的难题。可是，当用这个教具给学生做旋转示范时，色彩混杂的花形难以复原。于是，对立体结构的解析变成了对方块空间变化关系的研究。好多人大费周折，还是束手无策，最后还是由发明家本人找到了使颜色混杂的各面复原成单色的方法。当他把这一成果作为科学教具推广时，无论是学生还是他们的家长，却把它当作玩具玩称它为"魔方"。

画龙点睛　　人类很多伟大的发明，常常是在小发明中诞生的。

请你创造　　我用这三个图形拼出了一盏灯。你能用它们拼出什么呢？

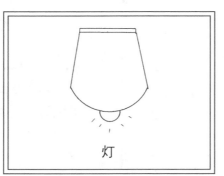

灯

知识链接

魔方与中国人发明的"华容道"、法国人发明的"独立钻石"并称为智力游戏界的三大"不可思议"。1977年，鲁比克教授发明的第一批魔方在布达佩斯的玩具店出售。1979年9月，Ideal Toys公司将魔方带至全世界，并于1980年1月、2月在伦敦、巴黎和美国的国际玩具博览会亮相。据估计，20世纪80年代中期，全世界有五分之一的人在玩魔方。由于魔方的巨大商机，1983年，鲁比克教授和他的合伙人又一同开发了二阶和四阶魔方，并于1986年制造了五阶魔方。2003年，希腊的panagiotis Verdes申请了5×5×5~11×11×11的魔方专利，并于2008年生产出五阶、六阶和七阶的魔方。社会学家根据魔方对人类的影响和作用，将魔方列入了20世纪对人类影响较大的100项发明之列。

参考答案

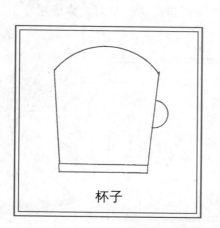

杯子

塑 料

20 世纪初的美国，有一个名叫贝克兰的化学家，他是个十分爱动脑子的人。有一次，他去看工人们熬虫胶，工人们对他说，能不能搞一种虫胶的合成代用品。于是，贝克兰在烧瓶内放入苯酚和甲醛，用酸作催化剂，做起了实验。最终，他获得了一堆像树脂似的胶状物，这种洗不掉、烘烤反而成了硬块的东西显然不是虫胶合成品，不过贝克兰意识到这一定是一种新材料。他花费了四年的时间，终于搞清楚这东西就是塑料，并于 1909 年投入生产。塑料的发明使化学工业和材料工业获得了飞跃性的发展。

画龙点睛 　　不同的人有不同的需要，也会遇到不同的问题。在各自特定的环境里，认真思考，就可能会产生发明创造的灵感。

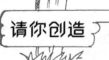

请你创造 　我用这三个图形画出了一条裤子。你能用它们画出什么呢？

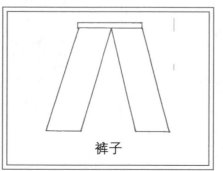

裤子

知识链接

从第一个塑料产品赛璐珞诞生算起，塑料工业迄今已有120多年的历史。1869年，美国人海厄特发现在硝酸纤维素中加入樟脑和少量酒精可制成一种可塑性物，热压下可成型为塑料制品，他将其命名为赛璐珞。1903年，德国人艾兴林格发明了不易燃烧的醋酸纤维素和注射成型法。1909年，美国人贝克兰在用苯酚和甲醛来合成树脂方面，有了突破性的进展，这是一个完全合成的塑料。在20世纪40年代以前，酚醛塑料是最主要的塑料品种，占塑料产量的2/3，主要用于电器、仪表、机械和汽车工业。1936年，美国开发了悬浮聚合法生产聚氯乙烯的技术。从此，聚氯乙烯一直是产量最大的塑料品种，它也是主要的耗氯产品之一，在一定程度上影响着氯碱工业的生产。

参考答案

字母"A"

炼 乳

19世纪50年代，美国人梅尔·波顿乘坐海轮外出旅行。船上仍能喝到牛奶，原来船主在船上养了一头奶牛。可行驶在大西洋上发生了一件不幸的事。孩子们喝了早晨挤下的牛奶后吐泻不止，有的昏迷过去，结果变质的牛奶断送了4个小生命。波顿想，要防止悲剧重演，就得找到保存新鲜牛奶的方法。回到纽约，波顿开始了这方面的探索。他发现，要保存牛奶必须去掉牛奶中87%的水。经过多次试验，他终于找到用减压蒸馏技术除去牛奶中水分的办法。1853年他与友人合资，创办了世界上第一家炼乳厂。

画龙点睛 在创造发明中要利用已有的经验，但不能被它束缚住。

我用这两个图形画出一把斧头。你还能用它创造出什么呢？

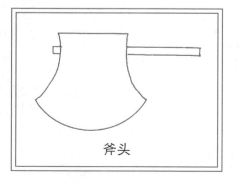

斧头

炼乳是用鲜牛奶或羊奶经过消毒浓缩制成的饮料，它的特点是可贮藏较长时间。

早在5 000多年前，古代的印度和埃及人就以牛奶和羊奶为重要的食物和饮料。牛、羊奶很容易变质，人们很早就开始探索能够使牛、羊奶长期保存不变质的方法。据说在13世纪，成吉思汗所率领的蒙古大军在征战欧亚大陆时，曾携带过一种糊状的浓缩牛奶。

1827年，法国人阿佩尔首先发明了浓缩牛、羊奶制成炼乳的技术，但炼乳的工业化生产是19世纪30年代后的事情。1856年，波顿获得了加糖炼乳的发明专利。1858年，波顿在美国建起了世界上第一座炼乳工厂。1884年，迈恩伯格发明了新的牛、羊奶浓缩方法，并在炼乳装罐后再加高温进行灭菌处理，生产出了可长期保存的无糖炼乳。

炼乳

参考答案

禅杖

微波炉

珀西·斯宾塞是美国自学成才的工程师，第二次世界大战爆发后，他在美国一家公司从事雷达技术开发。一天，他正在做雷达起振实验。斯宾塞注意到，当他运行磁控管时，裤兜里的一根巧克力棒融化了。一般人可能认为，是他身上的体温使巧克力融化了，而斯宾塞却给出了一个更为科学的解释：肉眼看不见的辐射波将巧克力"煮熟了"。于是斯宾塞立即动手制作了一个用雷达波烤肉的灶具，这种灶具就是微波炉。斯宾塞还利用这种装置让鸡蛋爆裂，甚至去烤爆米花，因此当时又有人称这种装置叫"爆米花和热团加热器"。

画龙点睛

留意各种自然现象，透过现象去思考，往往会有意想不到的收获。

请你创造

我用这两个形状画出了一把鱼叉。你能用这两个形状画出其他什么东西呢？

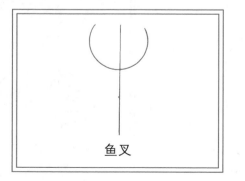

鱼叉

知识链接

微波炉，就是一种用微波加热食品的现代烹调灶具。

微波炉由电源、磁控管、控制电路和烹调腔等部分组成。电源向磁控管提供大约4 000伏高压，磁控管在电源激励下，连续产生微波，再经过波导系统，耦合到烹调腔内。在烹调腔的进口处附近，有一个可旋转的风扇状的金属，旋转起来以后对微波具有各个方向的反射，所以能够把微波能量均匀地分布在烹调腔内，从而加热食物。微波炉发射的是一种电磁波，它每秒钟要转二十几亿圈，水和其他极性分子们被电磁波带动，也以这样的速度跟着转，高频的旋转和摩擦，温度在短时间内就急剧升高了。

参考答案

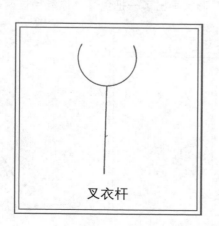

叉衣杆

电报机

莫尔斯出生于美国马萨诸塞州的一个穷苦牧师家庭，十四岁考入美国耶鲁大学。在学校，莫尔斯常给别人画肖像画，画得惟妙惟肖，当他大学毕业时，已成了有名的画家。

1832 年 10 月初，莫尔斯乘坐"萨利"号邮客轮，从法国的勒阿费出发返回美国。他偶然看见，一位旅客用通电的磁铁吸引铁片，他对此产生了极大的兴趣。此后，他听说电流的速度很快，便开始思考：能不能用电流传递信息呢？从此，画家便放弃了画画，开始研究起电报来。经过不懈的努力，莫尔斯终于发明了电报机，开创了人类通信的新纪元。

画龙点睛　兴趣可以将我们引上发明创造之路。有了强烈的发明创造兴趣，才能引领我们积极地探索创新创造的思路，才有可能取得最后的成功。

你能发挥想象力，说出这个图形画的是什么吗？这样东西可是你常见的哟！

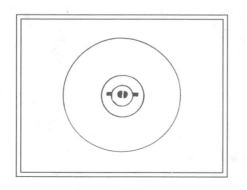

知识链接

电报机的功能是发报和收报。发报，是发报机按发出信息的要求而发出不同频率和波长的电流，使发射天线上电子按照频率不断改变旋转方向，其磁力线尾巴不断断掉而弹出，其运动磁力线两端不断吸引空间自由微粒使自己增长，在空间各个方向形成不同频率和波长的疏密平面"波"。这种"波"碰到无线电接收天线，便带动其表面自由电子按"波"的频率和波长绕天线旋进而形成交流电，这种微弱的电流经过放大，便成了收报机的接收信息。

电报现在基本被淘汰了，只有在一些特殊的场合仍然还有使用。电报的优点抗是干扰能力强，在救灾中，通信设备受损的条件下，也能使用。

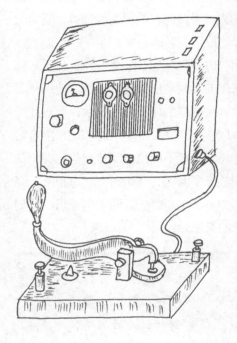

参 考 答 案

从底部看的白炽灯

电 木

呀！

1907 年，美国化学家贝克兰正在研制电器上用的一种特殊塑料。实验室里老鼠十分猖獗，经常咬坏器材。他买来鼠夹，用一块奶酪作诱饵。可家中的那只猫闻到香味窜过去，正好碰翻了一瓶酚醛树脂，倒在奶酪中。第二天，贝克兰看见实验室一团糟，又气又恼。突然，他发现鼠夹中稀糊糊的奶酪变成了一块硬胶板，他脑子里一闪，马上意识到这可能就是他要研制的塑料。于是，他把酚醛树脂和奶酪搅和，立刻生成了一种坚硬、防火、不导电的塑料电木。

画龙点睛

有新的要求，就会有新的想法和新的成果。

请你想象

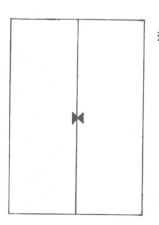

这个图形有点特别，你能发挥想象力，说出它是什么东西吗？

酚类和醛类化合物在酸性或碱性催化剂的作用下，经缩聚反应可制得酚醛树脂。将酚醛树脂和锯木粉、滑石粉、乌洛托品、硬脂酸、颜料等充分混合，并在混炼机中加热混炼，即得电木粉。也就是说，酚醛树脂是合成电木的主要成分。那什么又是酚醛树脂呢？

酚醛树脂是一种合成塑料，无色或茶褐色透明固体，耐热性、耐燃性和绝缘性优良，耐弱酸和弱碱，遇强酸发生分解，遇强碱发生腐蚀，不溶于水，溶于丙酮、酒精等有机溶剂。常用的苯酸和甲醛在酸或碱的条件下进行缩聚，生成酚醛树脂和水。在电器化使用越来越广泛的今天，电木这东西随处可见，这一切都要得益于贝克兰的伟大发明。

参 考 答 案

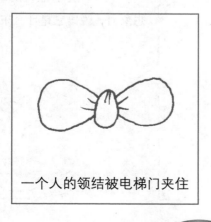

一个人的领结被电梯门夹住

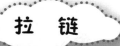

拉 链

　　传说 1893 年的一天，美国芝加哥的工程师朱迪森的儿子要随学校外出野营，可他连背包也不会打，只好带着一个布口袋装上被子去野营，怎么用布口袋装被子呢？朱迪森开动了脑筋。他用一个个很小的颗粒元件作为连接件，交替地镶嵌在一个大布做的袋口上，然后用一个滑动件使它们能够啮合分开。二十年后，另一位工程师森贝克无意中看到了先驱者的发明，但觉得交错的牙齿啮合程度不够理想，他又设计了一套凹凸啮合的元件缝在衣服上。1924 年，这种"可移动的扣子"，在商品展览会上受到人们的重视，这就是拉链。

画龙点睛

　　有了发明创造的愿望和动机，人人都能发明创造，都会留意不被人们留意的东西。

请你想象

　　请你运用对语言的理解与想象力，指出下列图形中哪一幅最符合"统一"的词意。怎么样，快想吧！

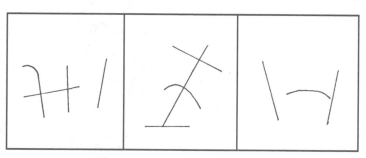

知识链接

拉链的发明雏形，最初来自人们穿的长筒靴。19世纪中期，长筒靴很流行，特别适合走泥泞或有马匹排泄物的道路，但缺点是长筒靴的铁钩式纽扣多达20余个，穿脱极为费时。1893年，朱迪森在芝加哥世界博览会上展示了他的发明——拉链，并将它装在鞋子上。

朱迪森的拉链存在许多缺点。瑞典人森贝克解决了这些缺点。森贝克从1908年起，开始研究拉链的改良，他想办法让接链的齿状部分密合，以防暴开，并将安全拉链更名为普拉扣拉链，申请了专利。1913年，森贝克研制出无钩式拉链，获得成功。到20世纪30年代中期，成衣业才渐渐采用拉链。拉链的制造技术随着产品的流传而逐渐在世界各地传开，瑞士、德国等欧洲国家，日本、中国等亚洲国家也先后开始建立起拉链生产工厂。

参考答案

应是图2，它们都相互连在一起。

坦 克

第一次世界大战初期，战火正在欧洲激烈地燃烧着，伦敦报社的记者斯文顿随军开赴前线。在目睹了英军一次次冲锋被德军击退，伤亡惨重的情景后，他突然萌发出一个想法——如果有个可以移动的堡垒就好了，那样可以减少许多伤亡。他在回国途中看见正在行驶的拖拉机，突觉眼前一亮，心想：要是给拖拉机穿上钢甲、装上武器不就成了战车吗？斯文顿向英国政府建议，英国政府采纳了他的建议并立即开始秘密地研制战车。仅仅用了一年多时间，新型战车就生产出来了——这就是最早的坦克。

画龙点睛

幻想有时会被误认为是不能实现的空想，但你可不要轻易去掉幻想，因为它常常会为创造发明指引方向。

请你想象

你能想象出这是什么东西吗？

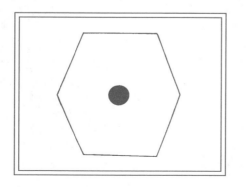

知识链接

1916年9月15日早晨，英德两军对峙的前线战场上一片寂静。8点刚过，突然从英军阵地侧翼发出一阵轰隆隆的响声。一个奇形怪状的铁家伙冒出了头，一辆接着一辆……共18辆。德军士兵一阵大哗，急忙飞报指挥官。正在他们端详的时候，铁家伙已到达德军前沿，指挥官慌忙下令射击。

枪炮齐发，弹弹命中，但是，这些铁家伙毫无损伤，仍然看似"蠢笨"地爬动着，同时又从它的两侧射出炮弹。尽管射出的炮弹精确度不高，甚至对德军没有什么危害，但这庞然大物使德军在精神上受到了严重打击，士兵们胆怯地后退了。英军乘机追击，取得了胜利。

这就是世界上有史以来出现的第一次坦克战。

参考答案

从底部看的铅笔

汽 水

英国人约瑟·普利斯里是一名传教士，他后来转向科学实验，成为氧气的发现者。

普利斯对化学有着浓厚的兴趣。当他在约克郡做教会牧师的时候，他家旁边有一个大啤酒厂，酿酒过程产生的气味非常刺鼻，弄得他不停地咳嗽。他想弄清这种刺鼻的气体是什么，便收集了啤酒厂冒出的气体用来研究。结果他发现这些气体是二氧化碳，可溶于水，喝起来口感特别好。他灵机一动，把小苏打溶进矿泉水中，产生二氧化碳，这就是他发明的著名的汽水。

画龙点睛

有兴趣才会有探索知识的热情，而有了这种探索的热情，便常常能帮助我们找到发明创造的机会。

请你想象

请你想象一下，这是什么物品？

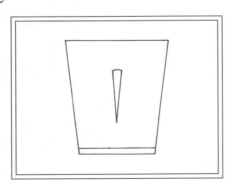

汽水，其实就是一种碳酸饮料。汽水中含有大量的二氧化碳，二氧化碳在工厂里被强压进汽水里，再密封包装。当我们打开瓶盖后，由于瓶内的二氧化碳气体比瓶外空气压力大，一部分二氧化碳气体就会急速地往外跑，结果就泛起气泡，并在打开的瞬间涌出瓶口。当我们喝了汽水后，汽水中的二氧化碳会因为体内温度较高而被释放出来，就会出现打嗝的现象。

虽然汽水很好喝，但没有什么营养，而过多饮用汽水类饮料，容易引发肠胃性疾病，汽水或其他灌装类茶品也会损坏我们的牙齿，所以我们要少喝这类饮料，即使喝了也要及时刷牙漱口，以防止牙齿被腐蚀。

参考答案

这是一个无盖的茶杯

不锈钢

第一次世界大战时，枪支的耐磨性能很差，这主要是钢材质量不过关导致的。英国一位兵器专家布利埃莱接到命令，要他研究出提高枪支耐磨性的方法。

布利埃莱在钢铁中加入各种金属进行试验，每制出一种合金，只要不耐磨，就把它丢在墙角里。角落里的废物不断增多，布利埃莱决定清理一下。在清理过程中，他发现了一块锃亮的金属。为啥这块合金不生锈呢？经过仔细研究，他发现原来这块不生锈的合金是钢中加入了铬的缘故。就这样，布利埃莱发明了不锈钢。

画龙点睛

留心你周围的一切，清理一下你创造的死角，或许你又会有新的发现。

请你想象

你能想象得出这是一个什么东西吗？

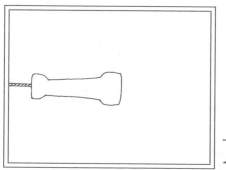

不锈钢一般是不锈钢和耐酸钢的总称。不锈钢是指耐大气、蒸汽和水弱介质腐蚀的钢，而耐酸钢则是指耐酸、碱、盐等化学侵蚀性介质的钢。不锈钢自20世纪初问世，到现在已有90多年的历史。不锈钢的发明是世界冶金史上的重大成就。

不锈钢有铁素体不锈钢、奥氏体不锈钢、奥氏体－铁素体双相不锈钢等。铁素不锈钢含铬15%~30%，其耐蚀性、韧性和可焊性随含铬量的增加而提高，耐氯化物应力腐蚀性能优于其他种类钢。奥氏体不锈钢含铬大于18%，还含有8%左右的镍及少量钼、钛、氮等元素。综合性能好，可耐多种介质腐蚀。奥氏体－铁素体双相不锈钢兼有前两种不锈钢的优点，并具有超塑性。

不透钢管

参考答案

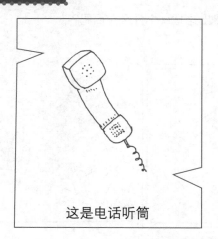

这是电话听筒

喂……

电 话

贝尔是英国人，22 岁时担任美国波士顿大学语言学教授并和父亲开办了一所聋哑学校。他一边教聋哑人克服不能说话的困难，一边研究助听器。一天，他在实验中，一个有趣的现象引起贝尔的极大注意：他发现在电流导通和截止时，螺旋线圈发出的声音好像发送电码的"滴答"声一样。这激发了他的灵感，他想：既然空气能使薄膜振动发出声音，那么反过来，如果用薄膜振动能不能将人的声音传到远处去呢？于是他专心致力于电话的试验。经过许多失败后，他终于在 1876 年 6 月 2 日晚发明了电话。

画龙点睛　　其实每一个人都有发明创造的机会，而成功的关键都往往在于能否比别人多一份联想。

请你想象　　请你运用对语言的理解与想象力，指出下列图形中哪一幅最符合"零乱"的词意。

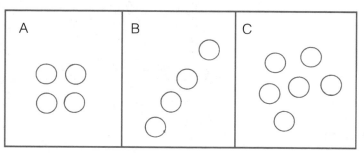

知识链接

1876 年，贝尔发明了电话，但通话距离短，效率低。

1878 年出现了炭精送话器，使电话机送话器效率大大提高。这时的电话机是磁石电话机，靠自备电池供电，用手摇发电机发送呼叫信号。

1880 年出现共电式电话机，改由共电交换机集中供电，省去手摇发电机和干电池。

1891 年出现了旋转式拨号盘式自动电话机，它可以发出直流拨号脉冲，控制自动交换机动作，选择被叫用户，自动完成交换功能。

20 世纪 60 年代末期出现了按键式全电子电话机。除脉冲发号方式外，又出现了双音多频发号方式。各种多功能电话机和特种用途电话机也应运而生。到 20 世纪 90 年代初，已有了将拨号、通话、振铃三种功能集于一块集成电路上的电话机。随着语音识别技术的发展，用语音"拨号"的电话机也出现了。

参考答案

图 C 最符合词意

火 柴

　　约翰·华尔克是英国的一位药剂师，他对化学药品的性能很熟悉。华尔克很喜欢打猎，想找一种能使猎枪容易点火的物质。一次实验中，他把硫化锑和氯化钾用一种酸水拌合在一起，并用木棍搅拌。之后，木棍上粘了不少药品，他用一块石头，想去蹭掉木棍上的药末，没想到刚蹭了几下，木棍却着了火。华尔克眼前一亮，于是他设计了一种火柴——在木条上蘸上氯化钾和硫化锑混合物，又把沙子和酸水粘在硬纸上，将做好的火柴放在处理过的硬纸上面一擦，就擦出了火苗。第一根摩擦火柴就这样诞生了。

画龙点睛

　　只要脑海里冒出设想，就应立刻把它记录下来，至于这想出来的是妙计还是愚方，大可放在以后再评价。

请你想象

你想象得出来这个图形是什么东西吗？

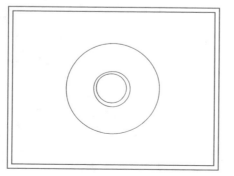

知识链接

火柴是根据物体摩擦生热的原理，利用强氧化剂和还原剂的化学活性，制造出的一种能摩擦发火的取火工具。18世纪下半叶主要是利用黄磷为发火剂。由于黄磷有毒，后来又逐渐被硫化磷火柴取代。后者虽然无毒，但随时都有自燃的可能，很不安全。当今火柴盒的侧面涂有红磷、三硫化二锑和玻璃粉；火柴头上的物质一般是氯酸钾、二氧化锰、硫等。当两者摩擦时，因摩擦产生的热使与氯酸钾等接触的红磷发火并引起火柴头上的易燃物燃烧，从而使火柴杆着火。安全火柴的优点是红磷没有毒性，并且它和氧化剂分别粘在火柴盒的侧面和火柴杆上，不用时两者不接触，所以叫安全火柴。

谁敢碰我!

参考答案

从底部看的碗

信用卡

吃饭不带钱，你想白吃呀！

20世纪50年代的一天，银行家夏德尔在一家大饭店宴请宾客，结账的时候才发现忘了带钱包，他感到十分尴尬。回到家中，夏德尔仍对当晚的窘态耿耿于怀，有什么办法预防这类事情的再次发生呢？能否有一个既可不带钱，又能正常消费，并抬高身价的方法呢？他几经思索，终于想出了办法。不久，他对外公开发行了世界上第一张信用卡，并成立了信用公司。信用卡使用起来十分方便，受到了大家的欢迎。

画龙点睛

聪明的人不一定都有创造才能，能够用别人想不出的办法来解决问题，才是真正的天才。

请你想象

这个东西真奇怪，你能想象出它是什么东西吗？

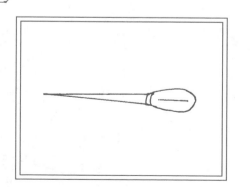

知识链接

1952 年，美国的富兰克林国民银行发行了银行信用卡，成为第一家发行信用卡的金融机构。1959 年，美国的美洲银行发行了美洲银行卡，在此之后，多家银行金融机构加入到信用卡发行行列。随后，信用卡的使用便开始向其他发达国家和地区蔓延，在全世界扩散开来。

中国的第一张信用卡是在 1985 年由中国银行珠江分行推出。1986 年，中国银行发行了长城信用卡。中国人民银行在 1988 年进行银行结算制度改革时，把信用卡作为一种新型的结算方式，从而为我国信用卡的进一步发展奠定了基础。截至 2016 年，我国信用卡发卡量已达 4.65 亿张。

参考答案

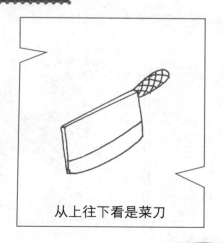

从上往下看是菜刀

无烟火药

1896 年的一天，瑞士化学家舍恩拜在厨房里做实验时不小心把盛满硝酸的瓶子碰倒了。他见妻子的一条棉布围裙放在旁边，便伸手拿过围裙擦桌子。围裙浸入溶液，变得湿淋淋的，舍恩拜只好拿着裙子，到厨房里想把围裙烘干。可没料到，就在他撑起围裙靠近火炉时，只听得"扑"的一声，围裙瞬间从手里消失，被烧得干干净净。原来，棉花吸收了浓硝酸，就变成了性格暴躁的火棉。舍恩拜悟出了其中的道理，随即发明出了无烟火药。他将其命名为"火棉"，后人称之为硝化纤维。

画龙点睛　其实几乎所有的正常人都有完成某一项创造的机会，关键在于他能否抓住机遇，他的意志是否坚强，他的想象是否丰富且科学。

请你想象　请你发挥想象力，好好想一想，这个图是什么？

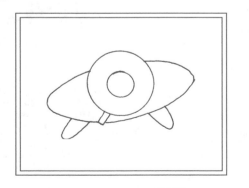

舍恩拜发明的无烟火药威力大，但这种火药的最大缺点就是不稳定，因此，多次发生火药库爆炸事故，造成了人员和财产的损失。

1884年，法国化学家、工程师P.维埃利将硝化纤维溶解在乙醚和乙醇里，在其中加入适量的稳定剂，使其成为胶状物，再通过压成片状、切条、干燥、硬化，制成了世界上第一种无烟火药。

无烟火药的出现，使黑火药逐渐退出了人们的视线。20世纪90年代初，欧洲国家的军用步枪子弹基本上从大口径黑火药枪子弹演变为较小口径无烟火药枪子弹。

无烟火药的发明推动了枪炮发射药的快速发展，现代军事用枪弹均为无烟火药，只是比以前的无烟火药性能要更好一些。

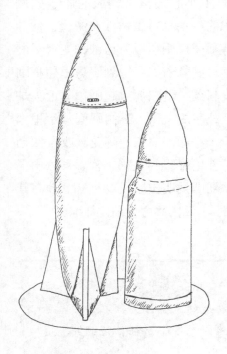

参考答案

从上往下看，一个戴帽子正在抽烟的人

发明小故事

电 灯

美国科学家爱迪生在发明留声机以后，立即着手电灯的研究。他首先要解决的就是灯丝的问题。

开始，他用各种东西烧制灯丝都不成功，而后转向金属中寻找，还是不成功，所有的努力，只停留在一亮即灭的程度。爱迪生想了好多办法，才制成一根灯丝，装进玻璃泡里，抽掉空气，封了口。爱迪生小心翼翼地在新制的灯泡上连接好电线，先给了较弱的电流，灯丝发出暗暗的光亮。电流加大，亮度也大了起来。四十个小时后，白炽灯才熄灭了。最后，爱迪生用一种日本产的竹子，加工烧制出来的灯丝最耐用，寿命也最长。

画龙点睛　　　失败与成功之间并没有绝对的界限，成功往往要经过许多的失败，可以说失败孕育着成功。

请你想象

请你想一想，这是一个什么东西？

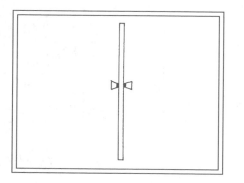

灯泡是根据电流的热效应原理制成的。灯泡接上额定的电压后，电流通过灯丝而被加热到白炽状态（2000℃以上），因而发热发光，从而在工作时，将电能转化为热能和光能。

现代灯泡里使用了惰性气体，通常是氩气，这大大减少了钨的损耗，从而使灯泡变得更加便宜和耐用。

如今，越来越多更耐用、节能的灯泡被发明出来并投入到我们的日常生活与生产中，给我们带来了越来越多的便利。

参考答案

从侧面看
带有拉手的门

莱顿电瓶

1745 年，荷兰莱顿大学物理学教授马森布罗克正在进行一次用水存电实验。金属枪管悬挂在空中与摩擦起电机连接，从枪管引出一根铜线浸入盛水的玻璃瓶中，助手一只手拿着玻璃瓶，马森布罗克在一旁摇摩擦起电机。这时助手无意识地将另一手触到枪管，顿时感受到电击。马森布罗克自己拿瓶子，当他一只手触到枪管时，也遭到了强烈的电击。这下他明白了，这瓶里能保存电荷。由此，马森布罗克发明了"莱顿瓶"——干电池的前身。

画龙点睛　　发明创造就像长跑一样，半途停下来就永远到不了终点。

请你想象　　请你想一想，这是什么物品？

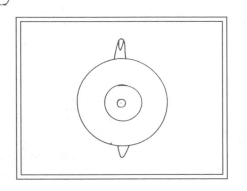

知识链接

1836 年，丹尼的锌－铜电池的诞生到 1859 年铅酸电池的发明，至 1883 年发明了氧化银电池，1888 年实现了电池的商品化，1899 年发明了镍－镉电池，1901 年发明了镍－铁电池，进入 20 世纪后，电池理论和技术处于一度停滞时期。

第二次世界大战之后，电池技术又进入快速发展时期。首先是为了适应重负荷用途的需要，发展了碱性锌－锰电池，1951 年实现了镍－镉电池的密封化。20 世纪 70 年代初期便实现了军用和民用。随后基于环保考虑，研究重点转向蓄电池。1990 年前后发明了锂离子电池，1995 年发明了聚合物锂离子电池。现在还可以生产满足各种特殊要求的专用电池，如导弹、潜艇和鱼雷等军用电池。电池已经成为人类社会必不可少的便捷能源。

参考答案

从上往下
看是一只茶壶

合成染料

1856 年，英国年轻的有机化学家珀金正在研究室进行制取治疗疟疾的特效药奎宁的试验——将重铬酸钾氧化剂加到从焦油中提出来的粗苯胺中。做完试验，他在擦抹板凳上的化学试剂时发现，抹布被染成了当时很少见的紫色。他把抹布用肥皂洗，在阳光下暴晒，可抹布上的紫色始终没有消退的迹象。抹布为什么会变色呢？珀金没有放弃这一偶然现象，他对此进行了深入的研究。后来，他合成了人工染料，并申请了专利，在 1857 年正式投入生产。这标志着合成染料工业的开端。

画龙点睛

只要你善于创造性思考，愿意探究问题的根源，你就有可能解决一般人以为无法解决的难题。

请你想象

请你想象，下面左边这个图形是我们日常生活中的一件什么用具？

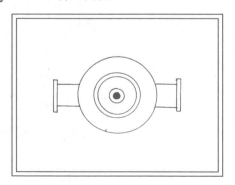

染料，就是能使纤维和其他材料着色的有机物质。染料一般分为天然染料和合成染料两大类。天然染料分植物染料，如茜素等；动物染料，如胭脂虫等。

合成染料又称人造染料，主要从煤焦油中分馏出来（或石油加工）再经化学加工而成，习惯性称为"煤焦油染料"。又因合成染料在发展初期主要以苯胺为原料，故有时也称"苯胺染料"。合成染料与天然染料相比具有色泽鲜艳、耐洗、耐晒、能大量生产的优点，故目前以使用此种染料为主。合成染料按化学结构分为硝基、偶氮、蒽醌、靛族、芳甲烷等类。

参考答案

一只从上往下看的锅